Pratiquer

Eureka Math
2ᵉ année Maîtrise
Modules 6–8

Great Minds PBC is the creator of Eureka Math®,
Wit & Wisdom®, Alexandria Plan™, and PhD Science™.

Published by Great Minds PBC. greatminds.org

Copyright © 2020 Great Minds PBC. All rights reserved. No part of this work may be reproduced or used in any form or by any means—graphic, electronic, or mechanical, including photocopying or information storage and retrieval systems—without written permission from the copyright holder.

ISBN 978-1-64929-076-2

1 2 3 4 5 6 7 8 9 10 XXX 25 24 23 22 21 20

Printed in the USA

Apprendre ♦ Pratiquer ♦ Réussir

La documentation pédagogique d'*Eureka Math*® pour *A Story of Units*® (K-5) est proposé dans le trio *Apprendre, Pratiquer, Réussir*. Cette série prend en charge la différenciation et la remédiation tout en gardant les documents pour les élèves organisés et accessibles. Les éducateurs constateront que la série *Apprendre, Pratiquer,* et *Réussir* propose également des ressources cohérentes—et donc plus efficaces—pour la réponse à l'intervention (RAI), la pratique supplémentaire et l'apprentissage pendant l'été.

Apprendre

Apprendre d'Eureka Math sert de compagnon de classe aux élèves, où ils montrent leurs réflexions, partagent ce qu'ils savent, et voient leurs connaissances s'enrichir chaque jour. *Apprendre* rassemble le travail quotidien en classe—Problèmes d'application, Tickets de sortie, Séries de problèmes, Modèles—dans un volume organisé et facilement navigable.

Pratiquer

Chaque leçon *Eureka Math* commence par une série d'activités de perfectionnement énergiques et joyeuses, y compris celles se trouvant dans *Pratiquer d'Eureka Math*. Les élèves qui maîtrisent déjà leurs savoirs en mathématiques peuvent acquérir une plus grande maîtrise pratique, encore plus approfondie. Avec *Pratiquer,* les élèves acquièrent des compétences dans les savoirs nouvellement acquis et renforcent leurs apprentissages antérieurs en vue de la leçon suivante.

Ensemble, *Apprendre* et *Pratiquer* fournissent tout le matériel imprimé que les élèves utiliseront pour leur enseignement fondamental des mathématiques.

Réussir

Réussir d'Eureka Math permet aux élèves de travailler individuellement vers leur maîtrise. Ces séries additionnelles de problèmes font correspondre chaque leçon à l'enseignement en classe, ce qui les rend idéaux comme devoirs ou entraînements supplémentaires. Chaque ensemble de problèmes est accompagné d'une Aide aux devoirs, un ensemble d'exemples concrets qui illustrent comment résoudre des problèmes similaires.

Les enseignants et les tuteurs peuvent utiliser les livres *Réussir* des niveaux précédents comme outils cohérents avec le programme pour combler des lacunes dans les connaissances fondamentales. Les élèves s'épanouiront et progresseront plus rapidement parce que les modèles familiers facilitent les connexions au contenu de leur niveau scolaire actuel.

Élèves, familles et éducateurs :

Merci de faire partie de la communauté *Eureka Math*®, qui célèbre la passion, l'émerveillement et le plaisir des mathématiques. L'une des marques de notre enthousiasme les plus évidentes est la maîtrise des activités proposées dans *Eureka Math Pratiquer*.

Qu'est-ce que la maîtrise en mathématiques ?

Vous associez peut-être la maîtrise aux arts du langage, où ce terme désigne la facilité à communiquer à l'oral et à l'écrit. De la petite section de maternelle au CM2, le programme *Eureka Math* offre de multiples occasions quotidiennes de développer la maîtrise *des mathématiques*. Tous sont conçus avec la même notion à l'esprit : permettre à chaque élève d'utiliser les mathématiques avec facilité. La maîtrise des expériences se caractérise généralement par un rythme rapide et énergique, qui récompense les progrès réalisés et se concentre sur la reconnaissance des schémas et des connexions au sein de la matière étudiée. Ces exercices ne sont pas destinés à être notés.

Les exercices de mathématiques d'*Eureka Math* permettent une pratique différenciée à travers une variété de formats : certains sont effectués à l'oral, d'autres à l'aide de supports à manipuler, d'autres encore à l'aide d'une ardoise et d'autres encore à l'aide de documents à distribuer et d'un format papier-crayon. Les exercices d'*Eureka Math Pratiquer* fournissent à chaque élève les exercices de maîtrise imprimés à son niveau.

Qu'est-ce qu'un Sprint ?

De nombreuses activités de maîtrise de la langue écrite utilisent le format appelé "Sprint". Ces exercices renforcent la vitesse et la précision avec les compétences déjà acquises. Utilisé lorsque les élèves approchent d'un niveau de compétence optimal, le tempo des Sprints permet d'exploiter cette cadence pour produire une poussée d'adrénaline à faible enjeu qui augmente la mémorisation. La conception des Sprints les rend intrinsèquement différenciés ; les problèmes vont du plus simple au plus complexe, le premier quadrant de problèmes étant le plus simple et chaque quadrant suivant ajoutant de la complexité. En outre, les schémas intentionnels dans la séquence des problèmes font appel aux capacités de réflexion supérieures des élèves.

Le format proposé pour la réalisation d'un Sprint prévoit que les élèves effectuent deux Sprints consécutifs (appelés A et B) sur la même compétence, chacun chronométré à une minute. Les élèves font une pause entre les Sprints pour articuler les motifs qu'ils ont remarqués en travaillant le premier Sprint. Le fait de remarquer les schémas leur permet d'améliorer naturellement leurs performances lors du deuxième Sprint.

Les Sprints peuvent également être effectués de façon non chronométrée. Il est fortement recommandé de ne pas chronométrer lorsque les élèves sont encore en train de se familiariser avec le niveau de complexité du premier quadrant de problèmes. Une fois que tous les élèves sont prêts à réussir le Sprint, le travail d'amélioration de la vitesse et de la précision avec l'énergie d'un protocole chronométré se révèle souvent bienvenu et stimulant.

Où puis-je trouver d'autres activités de maîtrise ?

La *version pour enseignants d'Eureka Math* guide les éducateurs pour la réalisation de toutes les activités de maîtrise pour chaque leçon, y compris celles qui ne nécessitent pas de la documentation imprimée. En outre, la *suite numérique Eureka* donne accès aux activités de maîtrise pour tous les niveaux scolaires, avec une recherche par norme ou par leçon.

Meilleurs vœux pour une année remplie de découvertes !

Jill Diniz

Jill Diniz
Directeur des mathématiques
Great Minds

Table des matières

Module 6

Leçon 1 : Séries A–E d'entraînement de maîtrise de base 3
Leçon 3 : Soustraction jusqu'à 20 Sprint 13
Leçon 4 : Addition à travers une dizaine Sprint 17
Leçon 7 : Additions jusqu'aux nombres de dix à dix-neuf Sprint 21
Leçon 8 : Soustraction de nombres de dix à dix-neuf Sprint 25
Leçon 10 : Additions jusqu'aux nombres de dix à dix-neuf Sprint 29
Leçon 11 : Soustraction à travers une dizaine Sprint 33
Leçon 12 : Séries A–E d'entraînement de maîtrise de base 37
Leçon 14 : Soustraction de nombres de dix à dix-neuf Sprint 47
Leçon 15 : Soustraire à travers une dizaine Sprint 51
Leçon 18 : Soustraction de nombres de dix à dix-neuf Sprint 55
Leçon 19 : Additions jusqu'aux nombres de dix à dix-neuf Sprint 59

Module 7

Leçon 1 : Séries A–E d'entraînement de maîtrise de base 65
Leçon 3 : Addition et soustraction par 5 Sprint 75
Leçon 4 : Compter de 5 en 5 Sprint 79
Leçon 7 : Soustraction à travers une dizaine Sprint 83
Leçon 8 : Addition à travers une dizaine Sprint 87
Leçon 11 : Soustraction de nombres de dix à dix-neuf Sprint 91
Leçon 12 : Addition à travers une dizaine Sprint 95
Leçon 14 : Soustraction série 2 de cartes 99
Leçon 15 : Addition et soustraction par 2 Sprint 111
Leçon 16 : Addition et soustraction par 3 Sprint 115
Leçon 19 : Schémas de soustraction Sprint 119
Leçon 20 : Schémas de soustraction Sprint 123
Leçon 23 : Addition à travers une dizaine Sprint 127
Leçon 24 : Schémas de soustraction Sprint 131

Module 8

Leçon 1 : Addition à travers une dizaine Sprint 137

Leçon 2 : Compter jusqu'à cent pour additionner Sprint 141

Leçon 3 : Séries A–E d'entraînements différenciés de maîtrise de base 145

Leçon 3 : Tableau de valeur de positions des centaines 155

Leçon 5 : Schémas de soustraction Sprint 157

Leçon 6 : Schémas d'addition et de soustraction Sprint 161

Leçon 9 : Schémas de soustraction Sprint 165

Leçon 10 : Schémas d'addition Sprint 169

Leçon 14 : Addition et soustraction par 5 Sprint 173

2ᵉ année
Module 6

UNE HISTOIRE D'UNITÉS   Leçon 1 Série A d'entraînements de maîtrise de base   2•6

Nom _____   Date _____

1.	10 + 3 =	21.	7 + 9 =
2.	10 + 6 =	22.	4 + 8 =
3.	10 + 4 =	23.	5 + 9 =
4.	5 + 10 =	24.	8 + 6 =
5.	8 + 10 =	25.	7 + 5 =
6.	10 + 9 =	26.	5 + 8 =
7.	12 + 2 =	27.	8 + 3 =
8.	13 + 4 =	28.	9 + 8 =
9.	16 + 3 =	29.	6 + 5 =
10.	2 + 17 =	30.	7 + 6 =
11.	5 + 14 =	31.	4 + 6 =
12.	7 + 12 =	32.	8 + 7 =
13.	16 + 3 =	33.	7 + 7 =
14.	11 + 5 =	34.	8 + 6 =
15.	9 + 2 =	35.	6 + 9 =
16.	5 + 9 =	36.	8 + 5 =
17.	7 + 9 =	37.	4 + 7 =
18.	9 + 4 =	38.	3 + 9 =
19.	7 + 8 =	39.	6 + 6 =
20.	8 + 8 =	40.	4 + 9 =

Leçon 1 :   Utiliser du matériel de manipulation pour créer des groupes égaux.

Copyright © Great Minds PBC

UNE HISTOIRE D'UNITÉS — Leçon 1 Série B d'entraînements de maîtrise de base

Nom _____   Date _____

1.	10 + 4 =	21.	4 + 8 =
2.	10 + 9 =	22.	7 + 6 =
3.	5 + 10 =	23.	____ + 4 = 11
4.	2 + 10 =	24.	____ + 8 = 13
5.	11 + 4 =	25.	6 + ____ = 14
6.	12 + 5 =	26.	8 + ____ = 15
7.	16 + 2 =	27.	____ = 9 + 8
8.	13 + ____ = 18	28.	____ = 4 + 7
9.	11 + ____ = 20	29.	____ = 7 + 8
10.	14 + 3 =	30.	3 + 9 =
11.	____ = 3 + 16	31.	6 + 7 =
12.	____ = 7 + 12	32.	8 + ____ = 13
13.	____ = 15 + 4	33.	____ = 7 + 9
14.	9 + 2 =	34.	6 + 5 =
15.	6 + 9 =	35.	____ = 5 + 7
16.	____ + 4 = 11	36.	____ = 8 + 4
17.	____ + 6 = 13	37.	15 = 8 + ____
18.	____ + 5 = 12	38.	17 = ____ + 9
19.	8 + 8 =	39.	14 = ____ + 7
20.	6 + 6 =	40.	19 = 8 + ____

Leçon 1 : Utiliser du matériel de manipulation pour créer des groupes égaux.

UNE HISTOIRE D'UNITÉS   Leçon 1 Série C d'entraînements de maîtrise de base   2•6

Nom _____   Date _____

1.	12 − 2 =	21.	16 − 9 =
2.	18 − 8 =	22.	14 − 6 =
3.	19 − 10 =	23.	16 − 8 =
4.	14 − 10 =	24.	15 − 6 =
5.	16 − 6 =	25.	17 − 8 =
6.	11 − 10 =	26.	18 − 9 =
7.	17 − 12 =	27.	15 − 7 =
8.	20 − 10 =	28.	13 − 8 =
9.	13 − 11 =	29.	11 − 3 =
10.	18 − 13 =	30.	12 − 5 =
11.	12 − 3 =	31.	11 − 2 =
12.	11 − 2 =	32.	13 − 6 =
13.	14 − 2 =	33.	16 − 7 =
14.	13 − 4 =	34.	12 − 8 =
15.	11 − 3 =	35.	16 − 13 =
16.	13 − 2 =	36.	15 − 14 =
17.	12 − 4 =	37.	17 − 12 =
18.	14 − 5 =	38.	19 − 16 =
19.	11 − 4 =	39.	18 − 11 =
20.	12 − 5 =	40.	20 − 16 =

Leçon 1 :   Utiliser du matériel de manipulation pour créer des groupes égaux.

Copyright © Great Minds PBC

1.	19 − 9 =	21.	16 − 7 =
2.	12 − 10 =	22.	17 − 8 =
3.	18 − 11 =	23.	16 − 7 =
4.	15 − 10 =	24.	14 − 8 =
5.	17 − 12 =	25.	17 − 9 =
6.	16 − 13 =	26.	12 − 9 =
7.	12 − 2 =	27.	16 − 8 =
8.	20 − 10 =	28.	15 − 7 =
9.	14 − 11 =	29.	13 − 8 =
10.	13 − 3 =	30.	14 − 7 =
11.	____ = 11 − 3	31.	13 − 9 =
12.	____ = 14 − 4	32.	15 − 9 =
13.	____ = 13 − 4	33.	14 − 6 =
14.	____ = 11 − 4	34.	____ = 13 − 5
15.	____ = 12 − 3	35.	____ = 15 − 8
16.	____ = 13 − 2	36.	____ = 18 − 9
17.	____ = 11 − 2	37.	____ = 20 − 4
18.	16 − 8 =	38.	____ = 20 − 17
19.	15 − 6 =	39.	____ = 20 − 11
20.	12 − 5 =	40.	____ = 20 − 3

UNE HISTOIRE D'UNITÉS — Leçon 1 Série E d'entraînements de maîtrise de base — 2•6

Nom _____ Date _____

1.	13 + 3 =	21.	11 − 8 =
2.	12 + 8 =	22.	13 − 7 =
3.	16 + 2 =	23.	15 − 8 =
4.	11 + 7 =	24.	12 + 6 =
5.	6 + 9 =	25.	13 + 2 =
6.	7 + 8 =	26.	9 + 11 =
7.	4 + 7 =	27.	6 + 8 =
8.	13 − 5 =	28.	8 + 9 =
9.	16 − 6 =	29.	7 + 5 =
10.	17 − 9 =	30.	13 − 7 =
11.	14 − 6 =	31.	15 − 8 =
12.	18 − 7 =	32.	11 − 9 =
13.	8 + 8 =	33.	12 − 3 =
14.	7 + 6 =	34.	14 − 5 =
15.	4 + 9 =	35.	13 + 6 =
16.	5 + 7 =	36.	8 + 5 =
17.	6 + 5 =	37.	4 + 7 =
18.	13 − 8 =	38.	7 + 8 =
19.	16 − 9 =	39.	4 + 9 =
20.	14 − 8 =	40.	20 − 12 =

Leçon 1 : Utiliser du matériel de manipulation pour créer des groupes égaux.

A

Nombrer correct : _____

Soustraction jusqu'à 20

1.	11 − 10 =	
2.	12 − 10 =	
3.	13 − 10 =	
4.	19 − 10 =	
5.	11 − 1 =	
6.	12 − 2 =	
7.	13 − 3 =	
8.	17 − 7 =	
9.	11 − 2 =	
10.	11 − 3 =	
11.	11 − 4 =	
12.	11 − 8 =	
13.	18 − 8 =	
14.	13 − 4 =	
15.	13 − 5 =	
16.	13 − 6 =	
17.	13 − 8 =	
18.	16 − 6 =	
19.	12 − 3 =	
20.	12 − 4 =	
21.	12 − 5 =	
22.	12 − 9 =	

23.	19 − 9 =	
24.	15 − 6 =	
25.	15 − 7 =	
26.	15 − 9 =	
27.	20 − 10 =	
28.	14 − 5 =	
29.	14 − 6 =	
30.	14 − 7 =	
31.	14 − 9 =	
32.	15 − 5 =	
33.	17 − 8 =	
34.	17 − 9 =	
35.	18 − 8 =	
36.	16 − 7 =	
37.	16 − 8 =	
38.	16 − 9 =	
39.	17 − 10 =	
40.	12 − 8 =	
41.	18 − 9 =	
42.	11 − 9 =	
43.	15 − 8 =	
44.	13 − 7 =	

Leçon 3 : Utiliser des dessins mathématiques pour représenter des groupes égaux, et associer à l'addition répétée.

B

Nombre correct : _____

Soustraction jusqu'à 20   **Progrès :** _____

1.	11 − 1 =		23.	16 − 6 =	
2.	12 − 2 =		24.	14 − 5 =	
3.	13 − 3 =		25.	14 − 6 =	
4.	18 − 8 =		26.	14 − 7 =	
5.	11 − 10 =		27.	14 − 9 =	
6.	12 − 10 =		28.	20 − 10 =	
7.	13 − 10 =		29.	15 − 6 =	
8.	18 − 10 =		30.	15 − 7 =	
9.	11 − 2 =		31.	15 − 9 =	
10.	11 − 3 =		32.	14 − 4 =	
11.	11 − 4 =		33.	16 − 7 =	
12.	11 − 7 =		34.	16 − 8 =	
13.	19 − 9 =		35.	16 − 9 =	
14.	12 − 3 =		36.	20 − 10 =	
15.	12 − 4 =		37.	17 − 8 =	
16.	12 − 5 =		38.	17 − 9 =	
17.	12 − 8 =		39.	16 − 10 =	
18.	17 − 7 =		40.	18 − 9 =	
19.	13 − 4 =		41.	12 − 9 =	
20.	13 − 5 =		42.	13 − 7 =	
21.	13 − 6 =		43.	11 − 8 =	
22.	13 − 9 =		44.	15 − 8 =	

Leçon 3 : Utiliser des dessins mathématiques pour représenter des groupes égaux, et associer à l'addition répétée.

A

Nombre correct : _____

Additionner en traversant une dizaine

1.	9 + 1 =		23.	7 + 3 =	
2.	9 + 2 =		24.	7 + 4 =	
3.	9 + 3 =		25.	7 + 5 =	
4.	9 + 9 =		26.	7 + 9 =	
5.	8 + 2 =		27.	6 + 4 =	
6.	8 + 3 =		28.	6 + 5 =	
7.	8 + 4 =		29.	6 + 6 =	
8.	8 + 9 =		30.	6 + 9 =	
9.	9 + 1 =		31.	5 + 5 =	
10.	9 + 4 =		32.	5 + 6 =	
11.	9 + 5 =		33.	5 + 7 =	
12.	9 + 8 =		34.	5 + 9 =	
13.	8 + 2 =		35.	4 + 6 =	
14.	8 + 5 =		36.	4 + 7 =	
15.	8 + 6 =		37.	4 + 9 =	
16.	8 + 8 =		38.	3 + 7 =	
17.	9 + 1 =		39.	3 + 9 =	
18.	9 + 7 =		40.	5 + 8 =	
19.	8 + 2 =		41.	2 + 8 =	
20.	8 + 7 =		42.	4 + 8 =	
21.	9 + 1 =		43.	1 + 9 =	
22.	9 + 6 =		44.	2 + 9 =	

Leçon 4 : Représenter des groupes égaux avec des diagrammes en bande, et associer à l'addition répétée.

B

Nombre correct : _____

Additionner en traversant une dizaine

Progrès : _____

1.	8 + 2 =		23.	7 + 3 =	
2.	8 + 3 =		24.	7 + 4 =	
3.	8 + 4 =		25.	7 + 5 =	
4.	8 + 8 =		26.	7 + 8 =	
5.	9 + 1 =		27.	6 + 4 =	
6.	9 + 2 =		28.	6 + 5 =	
7.	9 + 3 =		29.	6 + 6 =	
8.	9 + 8 =		30.	6 + 8 =	
9.	8 + 2 =		31.	5 + 5 =	
10.	8 + 5 =		32.	5 + 6 =	
11.	8 + 6 =		33.	5 + 7 =	
12.	8 + 9 =		34.	5 + 8 =	
13.	9 + 1 =		35.	4 + 6 =	
14.	9 + 4 =		36.	4 + 7 =	
15.	9 + 5 =		37.	4 + 8 =	
16.	9 + 9 =		38.	3 + 7 =	
17.	9 + 1 =		39.	3 + 9 =	
18.	9 + 7 =		40.	5 + 9 =	
19.	8 + 2 =		41.	2 + 8 =	
20.	8 + 7 =		42.	4 + 9 =	
21.	9 + 1 =		43.	1 + 9 =	
22.	9 + 6 =		44.	2 + 9 =	

Leçon 4 : Représenter des groupes égaux avec des diagrammes en bande, et associer à l'addition répétée.

A

Nombre correct : _____

Additions jusqu'aux nombres de dix à dix-neuf

1.	9 + 2 =		23.	4 + 7 =	
2.	9 + 3 =		24.	4 + 8 =	
3.	9 + 4 =		25.	5 + 6 =	
4.	9 + 7 =		26.	5 + 7 =	
5.	7 + 9 =		27.	3 + 8 =	
6.	10 + 1 =		28.	3 + 9 =	
7.	10 + 2 =		29.	2 + 9 =	
8.	10 + 3 =		30.	5 + 10 =	
9.	10 + 8 =		31.	5 + 8 =	
10.	8 + 10 =		32.	9 + 6 =	
11.	8 + 3 =		33.	6 + 9 =	
12.	8 + 4 =		34.	7 + 6 =	
13.	8 + 5 =		35.	6 + 7 =	
14.	8 + 9 =		36.	8 + 6 =	
15.	9 + 8 =		37.	6 + 8 =	
16.	7 + 4 =		38.	8 + 7 =	
17.	10 + 5 =		39.	7 + 8 =	
18.	6 + 5 =		40.	6 + 6 =	
19.	7 + 5 =		41.	7 + 7 =	
20.	9 + 5 =		42.	8 + 8 =	
21.	5 + 9 =		43.	9 + 9 =	
22.	10 + 6 =		44.	4 + 9 =	

Leçon 7 : Représenter des matrices et distinguer des rangées et des colonnes à l'aide de dessins mathématiques.

B

Nombre correct : _____

Additions jusqu'aux nombres de dix à dix-neuf

Progrès : _____

1.	10 + 1 =		23.	5 + 6 =	
2.	10 + 2 =		24.	5 + 7 =	
3.	10 + 3 =		25.	4 + 7 =	
4.	10 + 9 =		26.	4 + 8 =	
5.	9 + 10 =		27.	4 + 10 =	
6.	9 + 2 =		28.	3 + 8 =	
7.	9 + 3 =		29.	3 + 9 =	
8.	9 + 4 =		30.	2 + 9 =	
9.	9 + 8 =		31.	5 + 8 =	
10.	8 + 9 =		32.	7 + 6 =	
11.	8 + 3 =		33.	6 + 7 =	
12.	8 + 4 =		34.	8 + 6 =	
13.	8 + 5 =		35.	6 + 8 =	
14.	8 + 7 =		36.	9 + 6 =	
15.	7 + 8 =		37.	6 + 9 =	
16.	7 + 4 =		38.	9 + 7 =	
17.	10 + 4 =		39.	7 + 9 =	
18.	6 + 5 =		40.	6 + 6 =	
19.	7 + 5 =		41.	7 + 7 =	
20.	9 + 5 =		42.	8 + 8 =	
21.	5 + 9 =		43.	9 + 9 =	
22.	10 + 8 =		44.	4 + 9 =	

A

Nombre correct : _____

Soustraction des nombres de dix à dix-neuf

1.	11 − 10 =		23.	19 − 9 =	
2.	12 − 10 =		24.	15 − 6 =	
3.	13 − 10 =		25.	15 − 7 =	
4.	19 − 10 =		26.	15 − 9 =	
5.	11 − 1 =		27.	20 − 10 =	
6.	12 − 2 =		28.	14 − 5 =	
7.	13 − 3 =		29.	14 − 6 =	
8.	17 − 7 =		30.	14 − 7 =	
9.	11 − 2 =		31.	14 − 9 =	
10.	11 − 3 =		32.	15 − 5 =	
11.	11 − 4 =		33.	17 − 8 =	
12.	11 − 8 =		34.	17 − 9 =	
13.	18 − 8 =		35.	18 − 8 =	
14.	13 − 4 =		36.	16 − 7 =	
15.	13 − 5 =		37.	16 − 8 =	
16.	13 − 6 =		38.	16 − 9 =	
17.	13 − 8 =		39.	17 − 10 =	
18.	16 − 6 =		40.	12 − 8 =	
19.	12 − 3 =		41.	18 − 9 =	
20.	12 − 4 =		42.	11 − 9 =	
21.	12 − 5 =		43.	15 − 8 =	
22.	12 − 9 =		44.	13 − 7 =	

Leçon 8 : Créer des matrices à l'aide de carreaux avec des espaces.

B

Nombre correct : _____

Soustraction des nombres de dix à dix-neuf

Progrès : _____

1.	11 – 1 =		23.	16 – 6 =	
2.	12 – 2 =		24.	14 – 5 =	
3.	13 – 3 =		25.	14 – 6 =	
4.	18 – 8 =		26.	14 – 7 =	
5.	11 – 10 =		27.	14 – 9 =	
6.	12 – 10 =		28.	20 – 10 =	
7.	13 – 10 =		29.	15 – 6 =	
8.	18 – 10 =		30.	15 – 7 =	
9.	11 – 2 =		31.	15 – 9 =	
10.	11 – 3 =		32.	14 – 4 =	
11.	11 – 4 =		33.	16 – 7 =	
12.	11 – 7 =		34.	16 – 8 =	
13.	19 – 9 =		35.	16 – 9 =	
14.	12 – 3 =		36.	20 – 10 =	
15.	12 – 4 =		37.	17 – 8 =	
16.	12 – 5 =		38.	17 – 9 =	
17.	12 – 8 =		39.	16 – 10 =	
18.	17 – 7 =		40.	18 – 9 =	
19.	13 – 4 =		41.	12 – 9 =	
20.	13 – 5 =		42.	13 – 7 =	
21.	13 – 6 =		43.	11 – 8 =	
22.	13 – 9 =		44.	15 – 8 =	

A

Nombre correct : _____

Additions jusqu'aux nombres de dix à dix-neuf

1.	9 + 1 =		23.	7 + 3 =	
2.	9 + 2 =		24.	7 + 4 =	
3.	9 + 3 =		25.	7 + 5 =	
4.	9 + 9 =		26.	7 + 9 =	
5.	8 + 2 =		27.	6 + 4 =	
6.	8 + 3 =		28.	6 + 5 =	
7.	8 + 4 =		29.	6 + 6 =	
8.	8 + 9 =		30.	6 + 9 =	
9.	9 + 1 =		31.	5 + 5 =	
10.	9 + 4 =		32.	5 + 6 =	
11.	9 + 5 =		33.	5 + 7 =	
12.	9 + 8 =		34.	5 + 9 =	
13.	8 + 2 =		35.	4 + 6 =	
14.	8 + 5 =		36.	4 + 7 =	
15.	8 + 6 =		37.	4 + 9 =	
16.	8 + 8 =		38.	3 + 7 =	
17.	9 + 1 =		39.	3 + 9 =	
18.	9 + 7 =		40.	5 + 8 =	
19.	8 + 2 =		41.	2 + 8 =	
20.	8 + 7 =		42.	4 + 8 =	
21.	9 + 1 =		43.	1 + 9 =	
22.	9 + 6 =		44.	2 + 9 =	

Leçon 10 : Utiliser des carreaux pour composer un rectangle, et associer au modèle de matrices.

B

Nombre correct : _____

Additions jusqu'aux nombres de dix à dix-neuf

Progrès : _____

1.	8 + 2 =		23.	7 + 3 =	
2.	8 + 3 =		24.	7 + 4 =	
3.	8 + 4 =		25.	7 + 5 =	
4.	8 + 8 =		26.	7 + 8 =	
5.	9 + 1 =		27.	6 + 4 =	
6.	9 + 2 =		28.	6 + 5 =	
7.	9 + 3 =		29.	6 + 6 =	
8.	9 + 8 =		30.	6 + 8 =	
9.	8 + 2 =		31.	5 + 5 =	
10.	8 + 5 =		32.	5 + 6 =	
11.	8 + 6 =		33.	5 + 7 =	
12.	8 + 9 =		34.	5 + 8 =	
13.	9 + 1 =		35.	4 + 6 =	
14.	9 + 4 =		36.	4 + 7 =	
15.	9 + 5 =		37.	4 + 8 =	
16.	9 + 9 =		38.	3 + 7 =	
17.	9 + 1 =		39.	3 + 9 =	
18.	9 + 7 =		40.	5 + 9 =	
19.	8 + 2 =		41.	2 + 8 =	
20.	8 + 7 =		42.	4 + 9 =	
21.	9 + 1 =		43.	1 + 9 =	
22.	9 + 6 =		44.	2 + 9 =	

A

Nombre correct : _____

Soustraction en traversant une dizaine

1.	10 − 5 =	
2.	20 − 5 =	
3.	30 − 5 =	
4.	10 − 2 =	
5.	20 − 2 =	
6.	30 − 2 =	
7.	11 − 2 =	
8.	21 − 2 =	
9.	31 − 2 =	
10.	10 − 8 =	
11.	11 − 8 =	
12.	21 − 8 =	
13.	31 − 8 =	
14.	14 − 5 =	
15.	24 − 5 =	
16.	34 − 5 =	
17.	15 − 6 =	
18.	25 − 6 =	
19.	35 − 6 =	
20.	10 − 7 =	
21.	20 − 8 =	
22.	30 − 9 =	

23.	14 − 6 =	
24.	24 − 6 =	
25.	34 − 6 =	
26.	15 − 7 =	
27.	25 − 7 =	
28.	35 − 7 =	
29.	11 − 4 =	
30.	21 − 4 =	
31.	31 − 4 =	
32.	12 − 6 =	
33.	22 − 6 =	
34.	32 − 6 =	
35.	21 − 6 =	
36.	31 − 6 =	
37.	12 − 8 =	
38.	32 − 8 =	
39.	21 − 8 =	
40.	31 − 8 =	
41.	28 − 9 =	
42.	27 − 8 =	
43.	38 − 9 =	
44.	37 − 8 =	

Leçon 11 : Utiliser des carreaux pour composer un rectangle, et associer au modèle de matrices.

B

Nombre correct : _____

Progrès : _____

Soustraction en traversant une dizaine

1.	10 – 1 =	
2.	20 – 1 =	
3.	30 – 1 =	
4.	10 – 3 =	
5.	20 – 3 =	
6.	30 – 3 =	
7.	12 – 3 =	
8.	22 – 3 =	
9.	32 – 3 =	
10.	10 – 9 =	
11.	11 – 9 =	
12.	21 – 9 =	
13.	31 – 9 =	
14.	13 – 4 =	
15.	23 – 4 =	
16.	33 – 4 =	
17.	16 – 7 =	
18.	26 – 7 =	
19.	36 – 7 =	
20.	10 – 6 =	
21.	20 – 7 =	
22.	30 – 8 =	

23.	13 – 5 =	
24.	23 – 5 =	
25.	33 – 5 =	
26.	16 – 8 =	
27.	26 – 8 =	
28.	36 – 8 =	
29.	12 – 5 =	
30.	22 – 5 =	
31.	32 – 5 =	
32.	11 – 5 =	
33.	21 – 5 =	
34.	31 – 5 =	
35.	12 – 7 =	
36.	22 – 7 =	
37.	11 – 7 =	
38.	31 – 7 =	
39.	22 – 9 =	
40.	32 – 9 =	
41.	38 – 9 =	
42.	37 – 8 =	
43.	28 – 9 =	
44.	27 – 8 =	

Leçon 12 Série A d'entraînements de maîtrise de base

Nom _____ Date _____

1.	10 + 2 =	21.	7 + 9 =
2.	10 + 7 =	22.	5 + 8 =
3.	10 + 5 =	23.	3 + 9 =
4.	4 + 10 =	24.	8 + 6 =
5.	6 + 11 =	25.	7 + 4 =
6.	12 + 2 =	26.	9 + 5 =
7.	14 + 3 =	27.	6 + 6 =
8.	13 + 5 =	28.	8 + 3 =
9.	17 + 2 =	29.	7 + 6 =
10.	12 + 6 =	30.	6 + 9 =
11.	11 + 9 =	31.	8 + 7 =
12.	2 + 16 =	32.	9 + 9 =
13.	15 + 4 =	33.	5 + 7 =
14.	5 + 9 =	34.	8 + 4 =
15.	9 + 2 =	35.	6 + 5 =
16.	4 + 9 =	36.	9 + 7 =
17.	9 + 6 =	37.	6 + 8 =
18.	8 + 9 =	38.	2 + 9 =
19.	7 + 8 =	39.	9 + 8 =
20.	8 + 8 =	40.	7 + 7 =

Leçon 12 : Utiliser des dessins mathématiques pour composer un rectangle avec des carreaux.

Nom _____ Date _____

1.	10 + 6 =	21.	3 + 8 =
2.	10 + 9 =	22.	9 + 4 =
3.	7 + 10 =	23.	____ + 6 = 11
4.	3 + 10 =	24.	____ + 9 = 13
5.	5 + 11 =	25.	8 + ____ = 14
6.	12 + 8 =	26.	7 + ____ = 15
7.	14 + 3 =	27.	____ = 4 + 8
8.	13 + ____ = 19	28.	____ = 8 + 9
9.	15 + ____ = 18	29.	____ = 6 + 4
10.	12 + 5 =	30.	3 + 9 =
11.	____ = 2 + 17	31.	5 + 7 =
12.	____ = 3 + 13	32.	8 + ____ = 14
13.	____ = 16 + 2	33.	____ = 5 + 9
14.	9 + 3 =	34.	8 + 8 =
15.	6 + 9 =	35.	____ = 7 + 9
16.	____ + 5 = 14	36.	____ = 8 + 4
17.	____ + 7 = 13	37.	17 = 8 + ____
18.	____ + 8 = 12	38.	19 = ____ + 9
19.	8 + 7 =	39.	12 = ____ + 7
20.	7 + 6 =	40.	15 = 8 + ____

Leçon 12 : Utiliser des dessins mathématiques pour composer un rectangle avec des carreaux.

Leçon 12 Série C d'entraînements de maîtrise de base

Nom _____   Date _____

1.	13 - 3 =	21.	16 - 8 =
2.	19 - 9 =	22.	14 - 5 =
3.	15 - 10 =	23.	16 - 7 =
4.	18 - 10 =	24.	15 - 7 =
5.	12 - 2 =	25.	17 - 8 =
6.	11 - 10 =	26.	18 - 9 =
7.	17 - 13 =	27.	15 - 6 =
8.	20 - 10 =	28.	13 - 8 =
9.	14 - 11 =	29.	14 - 6 =
10.	16 - 12 =	30.	12 - 5 =
11.	11 - 3 =	31.	11 - 7 =
12.	13 - 2 =	32.	13 - 8 =
13.	14 - 2 =	33.	16 - 9 =
14.	13 - 4 =	34.	12 - 8 =
15.	12 - 3 =	35.	16 - 12 =
16.	11 - 4 =	36.	18 - 15 =
17.	12 - 5 =	37.	15 - 14 =
18.	14 - 5 =	38.	17 - 11 =
19.	11 - 2 =	39.	19 - 13 =
20.	12 - 4 =	40.	20 - 12 =

Leçon 12 : Utiliser des dessins mathématiques pour composer un rectangle avec des carreaux.

Nom _____ Date _____

1.	17 - 7 =	21.	16 - 7 =
2.	14 - 10 =	22.	17 - 8 =
3.	19 - 11 =	23.	18 - 7 =
4.	16 - 10 =	24.	14 - 6 =
5.	17 - 12 =	25.	17 - 8 =
6.	15 - 13 =	26.	12 - 8 =
7.	12 - 3 =	27.	14 - 7 =
8.	20 - 11 =	28.	15 - 8 =
9.	18 - 11 =	29.	13 - 5 =
10.	13 - 5 =	30.	16 - 8 =
11.	____ = 11 - 2	31.	14 - 9 =
12.	____ = 12 - 4	32.	15 - 6 =
13.	____ = 13 - 5	33.	13 - 6 =
14.	____ = 12 - 3	34.	____ = 13 - 8
15.	____ = 11 - 4	35.	____ = 15 - 7
16.	____ = 13 - 2	36.	____ = 18 - 9
17.	____ = 11 - 3	37.	____ = 20 - 14
18.	17 - 8 =	38.	____ = 20 - 7
19.	14 - 6 =	39.	____ = 20 - 11
20.	16 - 9 =	40.	____ = 20 - 8

Leçon 12 : Utiliser des dessins mathématiques pour composer un rectangle avec des carreaux.

Nom _____ Date _____

1.	11 + 9 =	21.	13 − 7 =
2.	13 + 5 =	22.	11 − 8 =
3.	14 + 3 =	23.	15 − 6 =
4.	12 + 7 =	24.	12 + 7 =
5.	5 + 9 =	25.	14 + 3 =
6.	8 + 8 =	26.	8 + 12 =
7.	14 − 7 =	27.	5 + 7 =
8.	13 − 5 =	28.	8 + 9 =
9.	16 − 7 =	29.	7 + 5 =
10.	17 − 9 =	30.	13 − 6 =
11.	14 − 6 =	31.	14 − 8 =
12.	18 − 5 =	32.	12 − 9 =
13.	9 + 9 =	33.	11 − 3 =
14.	7 + 6 =	34.	14 − 5 =
15.	3 + 9 =	35.	13 − 8 =
16.	6 + 7 =	36.	8 + 5 =
17.	8 + 5 =	37.	4 + 7 =
18.	13 − 8 =	38.	7 + 8 =
19.	16 − 9 =	39.	4 + 9 =
20.	14 − 8 =	40.	20 − 8 =

Leçon 12 : Utiliser des dessins mathématiques pour composer un rectangle avec des carreaux.

A

Nombre correct : _____

Soustraction des nombres de dix à dix-neuf

1.	11 – 10 =		23.	19 – 9 =	
2.	12 – 10 =		24.	15 – 6 =	
3.	13 – 10 =		25.	15 – 7 =	
4.	19 – 10 =		26.	15 – 9 =	
5.	11 – 1 =		27.	20 – 10 =	
6.	12 – 2 =		28.	14 – 5 =	
7.	13 – 3 =		29.	14 – 6 =	
8.	17 – 7 =		30.	14 – 7 =	
9.	11 – 2 =		31.	14 – 9 =	
10.	11 – 3 =		32.	15 – 5 =	
11.	11 – 4 =		33.	17 – 8 =	
12.	11 – 8 =		34.	17 – 9 =	
13.	18 – 8 =		35.	18 – 8 =	
14.	13 – 4 =		36.	16 – 7 =	
15.	13 – 5 =		37.	16 – 8 =	
16.	13 – 6 =		38.	16 – 9 =	
17.	13 – 8 =		39.	17 – 10 =	
18.	16 – 6 =		40.	12 – 8 =	
19.	12 – 3 =		41.	18 – 9 =	
20.	12 – 4 =		42.	11 – 9 =	
21.	12 – 5 =		43.	15 – 8 =	
22.	12 – 9 =		44.	13 – 7 =	

Leçon 14 : Utiliser des ciseaux pour diviser un rectangle en des carrés de même taille, et composer des matrices avec les carrés.

B

Nombre correct : _____

Soustraction des nombres de dix à dix-neuf

Progrès : _____

1.	11 − 1 =
2.	12 − 2 =
3.	13 − 3 =
4.	18 − 8 =
5.	11 − 10 =
6.	12 − 10 =
7.	13 − 10 =
8.	18 − 10 =
9.	11 − 2 =
10.	11 − 3 =
11.	11 − 4 =
12.	11 − 7 =
13.	19 − 9 =
14.	12 − 3 =
15.	12 − 4 =
16.	12 − 5 =
17.	12 − 8 =
18.	17 − 7 =
19.	13 − 4 =
20.	13 − 5 =
21.	13 − 6 =
22.	13 − 9 =

23.	16 − 6 =
24.	14 − 5 =
25.	14 − 6 =
26.	14 − 7 =
27.	14 − 9 =
28.	20 − 10 =
29.	15 − 6 =
30.	15 − 7 =
31.	15 − 9 =
32.	14 − 4 =
33.	16 − 7 =
34.	16 − 8 =
35.	16 − 9 =
36.	20 − 10 =
37.	17 − 8 =
38.	17 − 9 =
39.	16 − 10 =
40.	18 − 9 =
41.	12 − 9 =
42.	13 − 7 =
43.	11 − 8 =
44.	15 − 8 =

Leçon 14 : Utiliser des ciseaux pour diviser un rectangle en des carrés de même taille, et composer des matrices avec les carrés.

A

Nombre correct : _____

Soustraire en traversant une dizaine

1.	10 − 1 =	
2.	10 − 2 =	
3.	20 − 2 =	
4.	40 − 2 =	
5.	10 − 2 =	
6.	11 − 2 =	
7.	21 − 2 =	
8.	51 − 2 =	
9.	10 − 3 =	
10.	11 − 3 =	
11.	21 − 3 =	
12.	61 − 3 =	
13.	10 − 4 =	
14.	11 − 4 =	
15.	21 − 4 =	
16.	71 − 4 =	
17.	10 − 5 =	
18.	11 − 5 =	
19.	21 − 5 =	
20.	81 − 5 =	
21.	10 − 6 =	
22.	11 − 6 =	

23.	21 − 6 =	
24.	91 − 6 =	
25.	10 − 7 =	
26.	11 − 7 =	
27.	31 − 7 =	
28.	10 − 8 =	
29.	11 − 8 =	
30.	41 − 8 =	
31.	10 − 9 =	
32.	11 − 9 =	
33.	51 − 9 =	
34.	12 − 3 =	
35.	82 − 3 =	
36.	13 − 5 =	
37.	73 − 5 =	
38.	14 − 6 =	
39.	84 − 6 =	
40.	15 − 8 =	
41.	95 − 8 =	
42.	16 − 7 =	
43.	46 − 7 =	
44.	68 − 9 =	

Leçon 15 : Utiliser des dessins mathématiques pour diviser un rectangle avec des carreaux, et associer à l'addition répétée.

B

Nombre correct : _____

Progrès : _____

Soustraire en traversant une dizaine

1.	10 − 2 =		23.	21 − 6 =	
2.	20 − 2 =		24.	41 − 6 =	
3.	30 − 2 =		25.	10 − 7 =	
4.	50 − 2 =		26.	11 − 7 =	
5.	10 − 2 =		27.	51 − 7 =	
6.	11 − 2 =		28.	10 − 8 =	
7.	21 − 2 =		29.	11 − 8 =	
8.	61 − 2 =		30.	61 − 8 =	
9.	10 − 3 =		31.	10 − 9 =	
10.	11 − 3 =		32.	11 − 9 =	
11.	21 − 3 =		33.	31 − 9 =	
12.	71 − 3 =		34.	12 − 3 =	
13.	10 − 4 =		35.	92 − 3 =	
14.	11 − 4 =		36.	13 − 5 =	
15.	21 − 4 =		37.	43 − 5 =	
16.	81 − 4 =		38.	14 − 6 =	
17.	10 − 5 =		39.	64 − 6 =	
18.	11 − 5 =		40.	15 − 8 =	
19.	21 − 5 =		41.	85 − 8 =	
20.	91 − 5 =		42.	16 − 7 =	
21.	10 − 6 =		43.	76 − 7 =	
22.	11 − 6 =		44.	58 − 9 =	

Leçon 15 : Utiliser des dessins mathématiques pour diviser un rectangle avec des carreaux, et associer à l'addition répétée.

A

Nombre correct : _____

Soustraction des nombres de dix à dix-neuf

1.	10 - 3 =		23.	11 - 9 =	
2.	11 - 3 =		24.	12 - 9 =	
3.	12 - 3 =		25.	17 - 9 =	
4.	10 - 2 =		26.	10 - 8 =	
5.	11 - 2 =		27.	11 - 8 =	
6.	10 - 5 =		28.	12 - 8 =	
7.	11 - 5 =		29.	16 - 8 =	
8.	12 - 5 =		30.	10 - 6 =	
9.	14 - 5 =		31.	13 - 6 =	
10.	10 - 4 =		32.	15 - 6 =	
11.	11 - 4 =		33.	10 - 7 =	
12.	12 - 4 =		34.	13 - 7 =	
13.	13 - 4 =		35.	14 - 7 =	
14.	10 - 7 =		36.	16 - 7 =	
15.	11 - 7 =		37.	10 - 8 =	
16.	12 - 7 =		38.	13 - 8 =	
17.	15 - 7 =		39.	14 - 8 =	
18.	10 - 6 =		40.	17 - 8 =	
19.	11 - 6 =		41.	10 - 9 =	
20.	12 - 6 =		42.	13 - 9 =	
21.	14 - 6 =		43.	14 - 9 =	
22.	10 - 9 =		44.	18 - 9 =	

Leçon 18 : Associer des objets par deux et compter de deux en deux pour rattacher aux nombres pairs.

B

Nombre correct : _____

Soustraction des nombres de dix à dix-neuf

Progrès : _____

1.	10 − 2 =		23.	11 − 7 =	
2.	11 − 2 =		24.	12 − 7 =	
3.	10 − 4 =		25.	16 − 7 =	
4.	11 − 4 =		26.	10 − 9 =	
5.	12 − 4 =		27.	11 − 9 =	
6.	13 − 4 =		28.	12 − 9 =	
7.	10 − 3 =		29.	18 − 9 =	
8.	11 − 3 =		30.	10 − 5 =	
9.	12 − 3 =		31.	13 − 5 =	
10.	10 − 6 =		32.	10 − 6 =	
11.	11 − 6 =		33.	13 − 6 =	
12.	12 − 6 =		34.	14 − 6 =	
13.	15 − 6 =		35.	10 − 7 =	
14.	10 − 5 =		36.	13 − 7 =	
15.	11 − 5 =		37.	15 − 7 =	
16.	12 − 5 =		38.	10 − 8 =	
17.	14 − 5 =		39.	13 − 8 =	
18.	10 − 8 =		40.	14 − 8 =	
19.	11 − 8 =		41.	16 − 8 =	
20.	12 − 8 =		42.	10 − 9 =	
21.	17 − 8 =		43.	16 − 9 =	
22.	10 − 7 =		44.	17 − 9 =	

Leçon 18 : Associer des objets par deux et compter de deux en deux pour rattacher aux nombres pairs.

A

Nombre correct : _____

Additions jusqu'aux nombres de dix à dix-neuf

1.	9 + 2 =		23.	4 + 7 =	
2.	9 + 3 =		24.	4 + 8 =	
3.	9 + 4 =		25.	5 + 6 =	
4.	9 + 7 =		26.	5 + 7 =	
5.	7 + 9 =		27.	3 + 8 =	
6.	10 + 1 =		28.	3 + 9 =	
7.	10 + 2 =		29.	2 + 9 =	
8.	10 + 3 =		30.	5 + 10 =	
9.	10 + 8 =		31.	5 + 8 =	
10.	8 + 10 =		32.	9 + 6 =	
11.	8 + 3 =		33.	6 + 9 =	
12.	8 + 4 =		34.	7 + 6 =	
13.	8 + 5 =		35.	6 + 7 =	
14.	8 + 9 =		36.	8 + 6 =	
15.	9 + 8 =		37.	6 + 8 =	
16.	7 + 4 =		38.	8 + 7 =	
17.	10 + 5 =		39.	7 + 8 =	
18.	6 + 5 =		40.	6 + 6 =	
19.	7 + 5 =		41.	7 + 7 =	
20.	9 + 5 =		42.	8 + 8 =	
21.	5 + 9 =		43.	9 + 9 =	
22.	10 + 6 =		44.	4 + 9 =	

Leçon 19 : Examiner le schéma des nombres pairs : 0, 2, 4, 6 et 8 dans les unités, et le rattacher aux nombres impairs.

B

Nombre correct : _____

Additions jusqu'aux nombres de dix à dix-neuf

Progrès : _____

1.	10 + 1 =		23.	5 + 6 =	
2.	10 + 2 =		24.	5 + 7 =	
3.	10 + 3 =		25.	4 + 7 =	
4.	10 + 9 =		26.	4 + 8 =	
5.	9 + 10 =		27.	4 + 10 =	
6.	9 + 2 =		28.	3 + 8 =	
7.	9 + 3 =		29.	3 + 9 =	
8.	9 + 4 =		30.	2 + 9 =	
9.	9 + 8 =		31.	5 + 8 =	
10.	8 + 9 =		32.	7 + 6 =	
11.	8 + 3 =		33.	6 + 7 =	
12.	8 + 4 =		34.	8 + 6 =	
13.	8 + 5 =		35.	6 + 8 =	
14.	8 + 7 =		36.	9 + 6 =	
15.	7 + 8 =		37.	6 + 9 =	
16.	7 + 4 =		38.	9 + 7 =	
17.	10 + 4 =		39.	7 + 9 =	
18.	6 + 5 =		40.	6 + 6 =	
19.	7 + 5 =		41.	7 + 7 =	
20.	9 + 5 =		42.	8 + 8 =	
21.	5 + 9 =		43.	9 + 9 =	
22.	10 + 8 =		44.	4 + 9 =	

Leçon 19 : Examiner le schéma des nombres pairs : 0, 2, 4, 6 et 8 dans les unités, et le rattacher aux nombres impairs.

2ᵉ année
Module 7

Nom _____		Date _____	
1.	10 + 2 =	21.	7 + 9 =
2.	10 + 7 =	22.	5 + 8 =
3.	10 + 5 =	23.	3 + 9 =
4.	4 + 10 =	24.	8 + 6 =
5.	6 + 11 =	25.	7 + 4 =
6.	12 + 2 =	26.	9 + 5 =
7.	14 + 3 =	27.	6 + 6 =
8.	13 + 5 =	28.	8 + 3 =
9.	17 + 2 =	29.	7 + 6 =
10.	12 + 6 =	30.	6 + 9 =
11.	11 + 9 =	31.	8 + 7 =
12.	2 + 16 =	32.	9 + 9 =
13.	15 + 4 =	33.	5 + 7 =
14.	5 + 9 =	34.	8 + 4 =
15.	9 + 2 =	35.	6 + 5 =
16.	4 + 9 =	36.	9 + 7 =
17.	9 + 6 =	37.	6 + 8 =
18.	8 + 9 =	38.	2 + 9 =
19	7 + 8 =	39.	9 + 8 =
20.	8 + 8 =	40.	7 + 7 =

Leçon 1 : Trier et inscrire les données dans un tableau en utilisant jusqu'à quatre catégories ; utiliser des comptages de catégorie pour résoudre des problèmes.

UNE HISTOIRE D'UNITÉS   Leçon 1 Série B d'entraînements de maîtrise de base   2•7

Nom _____   Date _____

1.	10 + 6 =	21.	3 + 8 =
2.	10 + 9 =	22.	9 + 4 =
3.	7 + 10 =	23.	____ + 6 = 11
4.	3 + 10 =	24.	____ + 9 = 13
5.	5 + 11 =	25.	8 + ____ = 14
6.	12 + 8 =	26.	7 + ____ = 15
7.	14 + 3 =	27.	____ = 4 + 8
8.	13 + ____ = 19	28.	____ = 8 + 9
9.	15 + ____ = 18	29.	____ = 6 + 4
10.	12 + 5 =	30.	3 + 9 =
11.	____ = 2 + 17	31.	5 + 7 =
12.	____ = 3 + 13	32.	8 + ____ = 14
13.	____ = 16 + 2	33.	____ = 5 + 9
14.	9 + 3 =	34.	8 + 8 =
15.	6 + 9 =	35.	____ = 7 + 9
16.	____ + 5 = 14	36.	____ = 8 + 4
17.	____ + 7 = 13	37.	17 = 8 + ____
18.	____ + 8 = 12	38.	19 = ____ + 9
19	8 + 7 =	39.	12 = ____ + 7
20.	7 + 6 =	40.	15 = 8 + ____

Leçon 1 :   Trier et inscrire les données dans un tableau en utilisant jusqu'à quatre catégories ; utiliser des comptages de catégorie pour résoudre des problèmes.

Copyright © Great Minds PBC

Nom _____ Date _____

1.	13 − 3 =	21.	16 − 8 =
2.	19 − 9 =	22.	14 − 5 =
3.	15 − 10 =	23.	16 − 7 =
4.	18 − 10 =	24.	15 − 7 =
5.	12 − 2 =	25.	17 − 8 =
6.	11 − 10 =	26.	18 − 9 =
7.	17 − 13 =	27.	15 − 6 =
8.	20 − 10 =	28.	13 − 8 =
9.	14 − 11 =	29.	14 − 6 =
10.	16 − 12 =	30.	12 − 5 =
11.	11 − 3 =	31.	11 − 7 =
12.	13 − 2 =	32.	13 − 8 =
13.	14 − 2 =	33.	16 − 9 =
14.	13 − 4 =	34.	12 − 8 =
15.	12 − 3 =	35.	16 − 12 =
16.	11 − 4 =	36.	18 − 15 =
17.	12 − 5 =	37.	15 − 14 =
18.	14 − 5 =	38.	17 − 11 =
19	11 − 2 =	39.	19 − 13 =
20.	12 − 4 =	40.	20 − 12 =

Leçon 1 : Trier et inscrire les données dans un tableau en utilisant jusqu'à quatre catégories ; utiliser des comptages de catégorie pour résoudre des problèmes.

UNE HISTOIRE D'UNITÉS   Leçon 1 Série D d'entraînements de maîtrise de base

Nom _____   Date _____

1.	17 − 7 =	21.	16 − 7 =
2.	14 − 10 =	22.	17 − 8 =
3.	19 − 11 =	23.	18 − 7 =
4.	16 − 10 =	24.	14 − 6 =
5.	17 − 12 =	25.	17 − 8 =
6.	15 − 13 =	26.	12 − 8 =
7.	12 − 3 =	27.	14 − 7 =
8.	20 − 11 =	28.	15 − 8 =
9.	18 − 11 =	29.	13 − 5 =
10.	13 − 5 =	30.	16 − 8 =
11.	____ = 11 − 2	31.	14 − 9 =
12.	____ = 12 − 4	32.	15 − 6 =
13.	____ = 13 − 5	33.	13 − 6 =
14.	____ = 12 − 3	34.	____ = 13 − 8
15.	____ = 11 − 4	35.	____ = 15 − 7
16.	____ = 13 − 2	36.	____ = 18 − 9
17.	____ = 11 − 3	37.	____ = 20 − 14
18.	17 − 8 =	38.	____ = 20 − 7
19	14 − 6 =	39.	____ = 20 − 11
20.	16 − 9 =	40.	____ = 20 − 8

Leçon 1 : Trier et inscrire les données dans un tableau en utilisant jusqu'à quatre catégories ; utiliser des comptages de catégorie pour résoudre des problèmes.

Leçon 1 Série E d'entraînements de maîtrise de base

Nom _____ Date _____

1.	11 + 9 =	21.	13 − 7 =
2.	13 + 5 =	22.	11 − 8 =
3.	14 + 3 =	23.	15 − 6 =
4.	12 + 7 =	24.	12 + 7 =
5.	5 + 9 =	25.	14 + 3 =
6.	8 + 8 =	26.	8 + 12 =
7.	14 − 7 =	27.	5 + 7 =
8.	13 − 5 =	28.	8 + 9 =
9.	16 − 7 =	29.	7 + 5 =
10.	17 − 9 =	30.	13 − 6 =
11.	14 − 6 =	31.	14 − 8 =
12.	18 − 5 =	32.	12 − 9 =
13.	9 + 9 =	33.	11 − 3 =
14.	7 + 6 =	34.	14 − 5 =
15.	3 + 9 =	35.	13 − 8 =
16.	6 + 7 =	36.	8 + 5 =
17.	8 + 5 =	37.	4 + 7 =
18.	13 − 8 =	38.	7 + 8 =
19	16 − 9 =	39.	4 + 9 =
20.	14 − 8 =	40.	20 − 8 =

Leçon 1 : Trier et inscrire les données dans un tableau en utilisant jusqu'à quatre catégories ; utiliser des comptages de catégorie pour résoudre des problèmes.

A

Nombre correct : _____

Addition et soustraction par 5

1.	0 + 5 =	
2.	5 + 5 =	
3.	10 + 5 =	
4.	15 + 5 =	
5.	20 + 5 =	
6.	25 + 5 =	
7.	30 + 5 =	
8.	35 + 5 =	
9.	40 + 5 =	
10.	45 + 5 =	
11.	50 - 5 =	
12.	45 - 5 =	
13.	40 - 5 =	
14.	35 - 5 =	
15.	30 - 5 =	
16.	25 - 5 =	
17.	20 - 5 =	
18.	15 - 5 =	
19.	10 - 5 =	
20.	5 - 5 =	
21.	5 + 0 =	
22.	5 + 5 =	

23.	10 + 5 =	
24.	15 + 5 =	
25.	20 + 5 =	
26.	25 + 5 =	
27.	30 + 5 =	
28.	35 + 5 =	
29.	40 + 5 =	
30.	45 + 5 =	
31.	0 + 50 =	
32.	50 + 50 =	
33.	50 + 5 =	
34.	55 + 5 =	
35.	60 - 5 =	
36.	55 - 5 =	
37.	60 + 5 =	
38.	65 + 5 =	
39.	70 - 5 =	
40.	65 - 5 =	
41.	100 + 50 =	
42.	150 + 50 =	
43.	200 - 50 =	
44.	150 - 50 =	

Leçon 3 : Dessiner et étiqueter un graphique à barres pour représenter des données ; associer l'échelle de comptage à la droite numérique.

B

Nombre correct : _____

Progrès : _____

Addition et soustraction par 5

1.	5 + 0 =		23.	10 + 5 =	
2.	5 + 5 =		24.	15 + 5 =	
3.	5 + 10 =		25.	20 + 5 =	
4.	5 + 15 =		26.	25 + 5 =	
5.	5 + 20 =		27.	30 + 5 =	
6.	5 + 25 =		28.	35 + 5 =	
7.	5 + 30 =		29.	40 + 5 =	
8.	5 + 35 =		30.	45 + 5 =	
9.	5 + 40 =		31.	50 + 0 =	
10.	5 + 45 =		32.	50 + 50 =	
11.	50 − 5 =		33.	5 + 50 =	
12.	45 − 5 =		34.	5 + 55 =	
13.	40 − 5 =		35.	60 − 5 =	
14.	35 − 5 =		36.	55 − 5 =	
15.	30 − 5 =		37.	5 + 60 =	
16.	25 − 5 =		38.	5 + 65 =	
17.	20 − 5 =		39.	70 − 5 =	
18.	15 − 5 =		40.	65 − 5 =	
19.	10 − 5 =		41.	50 + 100 =	
20.	5 − 5 =		42.	50 + 150 =	
21.	0 + 5 =		43.	200 − 50 =	
22.	5 + 5 =		44.	150 − 50 =	

Leçon 3 : Dessiner et étiqueter un graphique à barres pour représenter des données ; associer l'échelle de comptage à la droite numérique.

A

Nombre correct : _____

Compter par 5

1.	0, 5, ___		23.	35, ___, 45	
2.	5, 10, ___		24.	15, ___, 25	
3.	10, 15, ___		25.	40, ___, 50	
4.	15, 20, ___		26.	25, ___, 15	
5.	20, 25, ___		27.	50, ___, 40	
6.	25, 30, ___		28.	20, ___, 10	
7.	30, 35, ___		29.	45, ___, 35	
8.	35, 40, ___		30.	15, ___, 5	
9.	40, 45, ___		31.	40, ___, 30	
10.	50, 45, ___		32.	10, ___, 0	
11.	45, 40, ___		33.	35, ___, 25	
12.	40, 35, ___		34.	___, 10, 5	
13.	35, 30, ___		35.	___, 35, 30	
14.	30, 25, ___		36.	___, 15, 10	
15.	25, 20, ___		37.	___, 40, 35	
16.	20, 15, ___		38.	___, 20, 15	
17.	15, 10, ___		39.	___, 45, 40	
18.	0, ___, 10		40.	50, 55, ___	
19.	25, ___, 35		41.	45, 50, ___	
20.	5, ___, 15		42.	65, ___, 55	
21.	30, ___, 40		43.	55, 60, ___	
22.	10, ___, 20		44.	60, 65, ___	

Leçon 4 : Dessiner un graphique à barres pour représenter un ensemble de données fournies.

B

Nombre correct : _____

Compter par 5

Progrès : _____

1.	5, 10, ___		23.	15, ___, 25	
2.	10, 15, ___		24.	35, ___, 45	
3.	15, 20, ___		25.	30, ___, 20	
4.	20, 25, ___		26.	25, ___, 15	
5.	25, 30, ___		27.	50, ___, 40	
6.	30, 35, ___		28.	20, ___, 10	
7.	35, 40, ___		29.	45, ___, 35	
8.	40, 45, ___		30.	15, ___, 5	
9.	50, 45, ___		31.	35, ___, 25	
10.	45, 40, ___		32.	10, ___, 0	
11.	40, 35, ___		33.	35, ___, 25	
12.	35, 30, ___		34.	___, 15, 10	
13.	30, 25, ___		35.	___, 40, 35	
14.	25, 20, ___		36.	___, 20, 15	
15.	20, 15, ___		37.	___, 45, 40	
16.	15, 10, ___		38.	___, 10, 5	
17.	0, ___, 10		39.	___, 35, 30	
18.	25, ___, 35		40.	45, 50, ___	
19.	5, ___, 15		41.	50, 55, ___	
20.	30, ___, 40		42.	55, 60, ___	
21.	10, ___, 20		43.	65, ___, 55	
22.	35, ___, 45		44.	___, 60, 55	

Leçon 4 : Dessiner un graphique à barres pour représenter un ensemble de données fournies.

A

Nombre correct : _____

Soustraction à travers une dizaine

1.	10 − 3 =		23.	11 − 9 =	
2.	11 − 3 =		24.	12 − 9 =	
3.	12 − 3 =		25.	17 − 9 =	
4.	10 − 2 =		26.	10 − 8 =	
5.	11 − 2 =		27.	11 − 8 =	
6.	10 − 5 =		28.	12 − 8 =	
7.	11 − 5 =		29.	16 − 8 =	
8.	12 − 5 =		30.	10 − 6 =	
9.	14 − 5 =		31.	13 − 6 =	
10.	10 − 4 =		32.	15 − 6 =	
11.	11 − 4 =		33.	10 − 7 =	
12.	12 − 4 =		34.	13 − 7 =	
13.	13 − 4 =		35.	14 − 7 =	
14.	10 − 7 =		36.	16 − 7 =	
15.	11 − 7 =		37.	10 − 8 =	
16.	12 − 7 =		38.	13 − 8 =	
17.	15 − 7 =		39.	14 − 8 =	
18.	10 − 6 =		40.	17 − 8 =	
19.	11 − 6 =		41.	10 − 9 =	
20.	12 − 6 =		42.	13 − 9 =	
21.	14 − 6 =		43.	14 − 9 =	
22.	10 − 9 =		44.	18 − 9 =	

Leçon 7 : Résoudre des problèmes impliquant la valeur totale des pièces.

B

Nombre correct : _____

Soustraction à travers une dizaine

Progrès : _____

1.	10 − 2 =	
2.	11 − 2 =	
3.	10 − 4 =	
4.	11 − 4 =	
5.	12 − 4 =	
6.	13 − 4 =	
7.	10 − 3 =	
8.	11 − 3 =	
9.	12 − 3 =	
10.	10 − 6 =	
11.	11 − 6 =	
12.	12 − 6 =	
13.	15 − 6 =	
14.	10 − 5 =	
15.	11 − 5 =	
16.	12 − 5 =	
17.	14 − 5 =	
18.	10 − 8 =	
19.	11 − 8 =	
20.	12 − 8 =	
21.	17 − 8 =	
22.	10 − 7 =	

23.	11 − 7 =	
24.	12 − 7 =	
25.	16 − 7 =	
26.	10 − 9 =	
27.	11 − 9 =	
28.	12 − 9 =	
29.	18 − 9 =	
30.	10 − 5 =	
31.	13 − 5 =	
32.	10 − 6 =	
33.	13 − 6 =	
34.	14 − 6 =	
35.	10 − 7 =	
36.	13 − 7 =	
37.	15 − 7 =	
38.	10 − 8 =	
39.	13 − 8 =	
40.	14 − 8 =	
41.	16 − 8 =	
42.	10 − 9 =	
43.	16 − 9 =	
44.	17 − 9 =	

A

Nombre correct : _____

Addition à travers une dizaine

1.	9 + 2 =		23.	4 + 7 =	
2.	9 + 3 =		24.	4 + 8 =	
3.	9 + 4 =		25.	5 + 6 =	
4.	9 + 7 =		26.	5 + 7 =	
5.	7 + 9 =		27.	3 + 8 =	
6.	10 + 1 =		28.	3 + 9 =	
7.	10 + 2 =		29.	2 + 9 =	
8.	10 + 3 =		30.	5 + 10 =	
9.	10 + 8 =		31.	5 + 8 =	
10.	8 + 10 =		32.	9 + 6 =	
11.	8 + 3 =		33.	6 + 9 =	
12.	8 + 4 =		34.	7 + 6 =	
13.	8 + 5 =		35.	6 + 7 =	
14.	8 + 9 =		36.	8 + 6 =	
15.	9 + 8 =		37.	6 + 8 =	
16.	7 + 4 =		38.	8 + 7 =	
17.	10 + 5 =		39.	7 + 8 =	
18.	6 + 5 =		40.	6 + 6 =	
19.	7 + 5 =		41.	7 + 7 =	
20.	9 + 5 =		42.	8 + 8 =	
21.	5 + 9 =		43.	9 + 9 =	
22.	10 + 6 =		44.	4 + 9 =	

Leçon 8 : Résoudre des problèmes impliquant la valeur totale des billets.

B

Nombre correct : _____

Progrès : _____

Addition à travers une dizaine

1.	10 + 1 =		23.	5 + 6 =	
2.	10 + 2 =		24.	5 + 7 =	
3.	10 + 3 =		25.	4 + 7 =	
4.	10 + 9 =		26.	4 + 8 =	
5.	9 + 10 =		27.	4 + 10 =	
6.	9 + 2 =		28.	3 + 8 =	
7.	9 + 3 =		29.	3 + 9 =	
8.	9 + 4 =		30.	2 + 9 =	
9.	9 + 8 =		31.	5 + 8 =	
10.	8 + 9 =		32.	7 + 6 =	
11.	8 + 3 =		33.	6 + 7 =	
12.	8 + 4 =		34.	8 + 6 =	
13.	8 + 5 =		35.	6 + 8 =	
14.	8 + 7 =		36.	9 + 6 =	
15.	7 + 8 =		37.	6 + 9 =	
16.	7 + 4 =		38.	9 + 7 =	
17.	10 + 4 =		39.	7 + 9 =	
18.	6 + 5 =		40.	6 + 6 =	
19.	7 + 5 =		41.	7 + 7 =	
20.	9 + 5 =		42.	8 + 8 =	
21.	5 + 9 =		43.	9 + 9 =	
22.	10 + 8 =		44.	4 + 9 =	

Leçon 8 : Résoudre des problèmes impliquant la valeur totale des billets.

A

Nombre correct : _____

Soustraction des nombres de dix à dix-neuf

1.	11 − 10 =	
2.	12 − 10 =	
3.	13 − 10 =	
4.	19 − 10 =	
5.	11 − 1 =	
6.	12 − 2 =	
7.	13 − 3 =	
8.	17 − 7 =	
9.	11 − 2 =	
10.	11 − 3 =	
11.	11 − 4 =	
12.	11 − 8 =	
13.	18 − 8 =	
14.	13 − 4 =	
15.	13 − 5 =	
16.	13 − 6 =	
17.	13 − 8 =	
18.	16 − 6 =	
19.	12 − 3 =	
20.	12 − 4 =	
21.	12 − 5 =	
22.	12 − 9 =	

23.	19 − 9 =	
24.	15 − 6 =	
25.	15 − 7 =	
26.	15 − 9 =	
27.	20 − 10 =	
28.	14 − 5 =	
29.	14 − 6 =	
30.	14 − 7 =	
31.	14 − 9 =	
32.	15 − 5 =	
33.	17 − 8 =	
34.	17 − 9 =	
35.	18 − 8 =	
36.	16 − 7 =	
37.	16 − 8 =	
38.	16 − 9 =	
39.	17 − 10 =	
40.	12 − 8 =	
41.	18 − 9 =	
42.	11 − 9 =	
43.	15 − 8 =	
44.	13 − 7 =	

Leçon 11 : Utiliser des stratégies différentes pour faire 1 $ ou faire de la monnaie à partir de 1 $.

B

Nombre correct : _____

Progrès : _____

Soustraction des nombres de dix à dix-neuf

1.	11 – 1 =		23.	16 – 6 =	
2.	12 – 2 =		24.	14 – 5 =	
3.	13 – 3 =		25.	14 – 6 =	
4.	18 – 8 =		26.	14 – 7 =	
5.	11 – 10 =		27.	14 – 9 =	
6.	12 – 10 =		28.	20 – 10 =	
7.	13 – 10 =		29.	15 – 6 =	
8.	18 – 10 =		30.	15 – 7 =	
9.	11 – 2 =		31.	15 – 9 =	
10.	11 – 3 =		32.	14 – 4 =	
11.	11 – 4 =		33.	16 – 7 =	
12.	11 – 7 =		34.	16 – 8 =	
13.	19 – 9 =		35.	16 – 9 =	
14.	12 – 3 =		36.	20 – 10 =	
15.	12 – 4 =		37.	17 – 8 =	
16.	12 – 5 =		38.	17 – 9 =	
17.	12 – 8 =		39.	16 – 10 =	
18.	17 – 7 =		40.	17 – 10 =	
19.	13 – 4 =		41.	12 – 9 =	
20.	13 – 5 =		42.	13 – 7 =	
21.	13 – 6 =		43.	11 – 8 =	
22.	13 – 9 =		44.	15 – 8 =	

Leçon 11 : Utiliser des stratégies différentes pour faire 1 $ ou faire de la monnaie à partir de 1 $.

A

Nombre correct : _____

Addition à travers une dizaine

1.	9 + 2 =		23.	4 + 7 =	
2.	9 + 3 =		24.	4 + 8 =	
3.	9 + 4 =		25.	5 + 6 =	
4.	9 + 7 =		26.	5 + 7 =	
5.	7 + 9 =		27.	3 + 8 =	
6.	10 + 1 =		28.	3 + 9 =	
7.	10 + 2 =		29.	2 + 9 =	
8.	10 + 3 =		30.	5 + 10 =	
9.	10 + 8 =		31.	5 + 8 =	
10.	8 + 10 =		32.	9 + 6 =	
11.	8 + 3 =		33.	6 + 9 =	
12.	8 + 4 =		34.	7 + 6 =	
13.	8 + 5 =		35.	6 + 7 =	
14.	8 + 9 =		36.	8 + 6 =	
15.	9 + 8 =		37.	6 + 8 =	
16.	7 + 4 =		38.	8 + 7 =	
17.	10 + 5 =		39.	7 + 8 =	
18.	6 + 5 =		40.	6 + 6 =	
19.	7 + 5 =		41.	7 + 7 =	
20.	9 + 5 =		42.	8 + 8 =	
21.	5 + 9 =		43.	9 + 9 =	
22.	10 + 6 =		44.	4 + 9 =	

B

Nombre correct : _____

Progrès : _____

Addition à travers une dizaine

1.	10 + 1 =	
2.	10 + 2 =	
3.	10 + 3 =	
4.	10 + 9 =	
5.	9 + 10 =	
6.	9 + 2 =	
7.	9 + 3 =	
8.	9 + 4 =	
9.	9 + 8 =	
10.	8 + 9 =	
11.	8 + 3 =	
12.	8 + 4 =	
13.	8 + 5 =	
14.	8 + 7 =	
15.	7 + 8 =	
16.	7 + 4 =	
17.	10 + 4 =	
18.	6 + 5 =	
19.	7 + 5 =	
20.	9 + 5 =	
21.	5 + 9 =	
22.	10 + 8 =	

23.	5 + 6 =	
24.	5 + 7 =	
25.	4 + 7 =	
26.	4 + 8 =	
27.	4 + 10 =	
28.	3 + 8 =	
29.	3 + 9 =	
30.	2 + 9 =	
31.	5 + 8 =	
32.	7 + 6 =	
33.	6 + 7 =	
34.	8 + 6 =	
35.	6 + 8 =	
36.	9 + 6 =	
37.	6 + 9 =	
38.	9 + 7 =	
39.	7 + 9 =	
40.	6 + 6 =	
41.	7 + 7 =	
42.	8 + 8 =	
43.	9 + 9 =	
44.	4 + 9 =	

Leçon 12 : Résoudre des problèmes impliquant différentes manières de faire de la monnaie à partir de 1 $.

UNE HISTOIRE D'UNITÉS · Leçon 14 Modèle de maîtrise · 2•7

11 - 1	11 - 2
11 - 3	11 - 4
11 - 5	11 - 6
11 - 7	11 - 8
11 - 9	12 - 3

soustraction cartes série 2

Leçon 14 : Associer la mesure avec les unités physiques en utilisant l'itération avec un carreau d'un pouce pour mesurer.

UNE HISTOIRE D'UNITÉS — Leçon 14 Modèle de maîtrise

12 - 4	12 - 5
12 - 6	12 - 7
12 - 8	12 - 9
13 - 4	13 - 5
13 - 6	13 - 7

soustraction cartes série 2

Leçon 14 : Associer la mesure avec les unités physiques en utilisant l'itération avec un carreau d'un pouce pour mesurer.

13 - 8	13 - 9
14 - 5	14 - 6
14 - 7	14 - 8
14 - 9	15 - 6
15 - 7	15 - 8

soustraction cartes série 2

Leçon 14 : Associer la mesure avec les unités physiques en utilisant l'itération avec un carreau d'un pouce pour mesurer.

15 − 9	16 − 7
16 − 8	16 − 9
17 − 8	17 − 9
18 − 9	19 − 11
20 − 19	20 − 1

soustraction cartes série 2

Leçon 14 : Associer la mesure avec les unités physiques en utilisant l'itération avec un carreau d'un pouce pour mesurer.

Leçon 14 Modèle de maîtrise 2•7

20 − 18	20 − 2
20 − 17	20 − 3
20 − 16	20 − 4
20 − 15	20 − 5
20 − 14	20 − 6

soustraction cartes série 2

Leçon 14 : Associer la mesure avec les unités physiques en utilisant l'itération avec un carreau d'un pouce pour mesurer.

20 - 13	20 - 7
20 - 12	20 - 8
20 - 11	20 - 9
20 - 10	

soustraction cartes série 2

Leçon 14 : Associer la mesure avec les unités physiques en utilisant l'itération avec un carreau d'un pouce pour mesurer.

A

Nombre correct : _____

Addition et soustraction par 2

1.	0 + 2 =		23.	2 + 4 =	
2.	2 + 2 =		24.	2 + 6 =	
3.	4 + 2 =		25.	2 + 8 =	
4.	6 + 2 =		26.	2 + 10 =	
5.	8 + 2 =		27.	2 + 12 =	
6.	10 + 2 =		28.	2 + 14 =	
7.	12 + 2 =		29.	2 + 16 =	
8.	14 + 2 =		30.	2 + 18 =	
9.	16 + 2 =		31.	0 + 22 =	
10.	18 + 2 =		32.	22 + 22 =	
11.	20 − 2 =		33.	44 + 22 =	
12.	18 − 2 =		34.	66 + 22 =	
13.	16 − 2 =		35.	88 − 22 =	
14.	14 − 2 =		36.	66 − 22 =	
15.	12 − 2 =		37.	44 − 22 =	
16.	10 − 2 =		38.	22 − 22 =	
17.	8 − 2 =		39.	22 + 0 =	
18.	6 − 2 =		40.	22 + 22 =	
19.	4 − 2 =		41.	22 + 44 =	
20.	2 − 2 =		42.	66 + 22 =	
21.	2 + 0 =		43.	888 − 222 =	
22.	2 + 2 =		44.	666 − 222 =	

Leçon 15 : Appliquer des concepts pour créer des règles ; mesurer des longueurs à l'aide des règles.

B

Nombre correct : _____

Addition et soustraction par 2

Progrès : _____

1.	2 + 0 =	
2.	2 + 2 =	
3.	2 + 4 =	
4.	2 + 6 =	
5.	2 + 8 =	
6.	2 + 10 =	
7.	2 + 12 =	
8.	2 + 14 =	
9.	2 + 16 =	
10.	2 + 18 =	
11.	20 − 2 =	
12.	18 − 2 =	
13.	16 − 2 =	
14.	14 − 2 =	
15.	12 − 2 =	
16.	10 − 2 =	
17.	8 − 2 =	
18.	6 − 2 =	
19.	4 − 2 =	
20.	2 − 2 =	
21.	0 + 2 =	
22.	2 + 2 =	

23.	4 + 2 =	
24.	6 + 2 =	
25.	8 + 2 =	
26.	10 + 2 =	
27.	12 + 2 =	
28.	14 + 2 =	
29.	16 + 2 =	
30.	18 + 2 =	
31.	0 + 22 =	
32.	22 + 22 =	
33.	22 + 44 =	
34.	66 + 22 =	
35.	88 − 22 =	
36.	66 − 22 =	
37.	44 − 22 =	
38.	22 − 22 =	
39.	22 + 0 =	
40.	22 + 22 =	
41.	22 + 44 =	
42.	66 + 22 =	
43.	666 − 222 =	
44.	888 − 222 =	

Leçon 15 : Appliquer des concepts pour créer des règles ; mesurer des longueurs à l'aide des règles.

A

Nombre correct : _____

Addition et soustraction par 3

1.	0 + 3 =	
2.	3 + 3 =	
3.	6 + 3 =	
4.	9 + 3 =	
5.	12 + 3 =	
6.	15 + 3 =	
7.	18 + 3 =	
8.	21 + 3 =	
9.	24 + 3 =	
10.	27 + 3 =	
11.	30 − 3 =	
12.	27 − 3 =	
13.	24 − 3 =	
14.	21 − 3 =	
15.	18 − 3 =	
16.	15 − 3 =	
17.	12 − 3 =	
18.	9 − 3 =	
19.	6 − 3 =	
20.	3 − 3 =	
21.	3 + 0 =	
22.	3 + 3 =	

23.	6 + 3 =	
24.	9 + 3 =	
25.	12 + 3 =	
26.	15 + 3 =	
27.	18 + 3 =	
28.	21 + 3 =	
29.	24 + 3 =	
30.	27 + 3 =	
31.	0 + 33 =	
32.	33 + 33 =	
33.	66 + 33 =	
34.	33 + 66 =	
35.	99 − 33 =	
36.	66 − 33 =	
37.	999 − 333 =	
38.	33 − 33 =	
39.	33 + 0 =	
40.	30 + 3 =	
41.	33 + 3 =	
42.	36 + 3 =	
43.	63 + 33 =	
44.	63 + 36 =	

B

Nombre correct : _____

Addition et soustraction par 3

Progrès : _____

1.	3 + 0 =	
2.	3 + 3 =	
3.	3 + 6 =	
4.	3 + 9 =	
5.	3 + 12 =	
6.	3 + 15 =	
7.	3 + 18 =	
8.	3 + 21 =	
9.	3 + 24 =	
10.	3 + 27 =	
11.	30 − 3 =	
12.	27 − 3 =	
13.	24 − 3 =	
14.	21 − 3 =	
15.	18 − 3 =	
16.	15 − 3 =	
17.	12 − 3 =	
18.	9 − 3 =	
19.	6 − 3 =	
20.	3 − 3 =	
21.	0 + 3 =	
22.	3 + 3 =	

23.	6 + 3 =	
24.	9 + 3 =	
25.	12 + 3 =	
26.	15 + 3 =	
27.	18 + 3 =	
28.	21 + 3 =	
29.	24 + 3 =	
30.	27 + 3 =	
31.	0 + 33 =	
32.	33 + 33 =	
33.	33 + 66 =	
34.	66 + 33 =	
35.	99 − 33 =	
36.	66 − 33 =	
37.	999 − 333 =	
38.	33 − 33 =	
39.	33 + 0 =	
40.	30 + 3 =	
41.	33 + 3 =	
42.	36 + 3 =	
43.	36 + 33 =	
44.	36 + 63 =	

Leçon 16 : Mesurer divers objets à l'aide des règles et d'étalons.

A

Nombre correct : _____

Schémas de soustraction

1.	10 − 1 =		23.	21 − 6 =	
2.	10 − 2 =		24.	91 − 6 =	
3.	20 − 2 =		25.	10 − 7 =	
4.	40 − 2 =		26.	11 − 7 =	
5.	10 − 2 =		27.	31 − 7 =	
6.	11 − 2 =		28.	10 − 8 =	
7.	21 − 2 =		29.	11 − 8 =	
8.	51 − 2 =		30.	41 − 8 =	
9.	10 − 3 =		31.	10 − 9 =	
10.	11 − 3 =		32.	11 − 9 =	
11.	21 − 3 =		33.	51 − 9 =	
12.	61 − 3 =		34.	12 − 3 =	
13.	10 − 4 =		35.	82 − 3 =	
14.	11 − 4 =		36.	13 − 5 =	
15.	21 − 4 =		37.	73 − 5 =	
16.	71 − 4 =		38.	14 − 6 =	
17.	10 − 5 =		39.	84 − 6 =	
18.	11 − 5 =		40.	15 − 8 =	
19.	21 − 5 =		41.	95 − 8 =	
20.	81 − 5 =		42.	16 − 7 =	
21.	10 − 6 =		43.	46 − 7 =	
22.	11 − 6 =		44.	68 − 9 =	

Leçon 19 : Mesurer pour comparer les différences de longueurs en utilisant des pouces, pieds et des yards.

B

Nombre correct : _____

Schémas de soustraction

Progrès : _____

1.	10 − 2 =
2.	20 − 2 =
3.	30 − 2 =
4.	50 − 2 =
5.	10 − 2 =
6.	11 − 2 =
7.	21 − 2 =
8.	61 − 2 =
9.	10 − 3 =
10.	11 − 3 =
11.	21 − 3 =
12.	71 − 3 =
13.	10 − 4 =
14.	11 − 4 =
15.	21 − 4 =
16.	81 − 4 =
17.	10 − 5 =
18.	11 − 5 =
19.	21 − 5 =
20.	91 − 5 =
21.	10 − 6 =
22.	11 − 6 =

23.	21 − 6 =
24.	41 − 6 =
25.	10 − 7 =
26.	11 − 7 =
27.	51 − 7 =
28.	10 − 8 =
29.	11 − 8 =
30.	61 − 8 =
31.	10 − 9 =
32.	11 − 9 =
33.	31 − 9 =
34.	12 − 3 =
35.	92 − 3 =
36.	13 − 5 =
37.	43 − 5 =
38.	14 − 6 =
39.	64 − 6 =
40.	15 − 8 =
41.	85 − 8 =
42.	16 − 7 =
43.	76 − 7 =
44.	58 − 9 =

Leçon 19 : Mesurer pour comparer les différences de longueurs en utilisant des pouces, pieds et des yards.

UNE HISTOIRE D'UNITÉS — Leçon 20 Sprint 2•7

A

Nombre correct : _____

Schémas de soustraction

1.	8 – 1 =		23.	41 – 20 =	
2.	18 – 1 =		24.	46 – 20 =	
3.	8 – 2 =		25.	7 – 5 =	
4.	18 – 2 =		26.	70 – 50 =	
5.	8 – 5 =		27.	71 – 50 =	
6.	18 – 5 =		28.	78 – 50 =	
7.	28 – 5 =		29.	80 – 40 =	
8.	58 – 5 =		30.	84 – 40 =	
9.	58 – 7 =		31.	90 – 60 =	
10.	10 – 2 =		32.	97 – 60 =	
11.	11 – 2 =		33.	70 – 40 =	
12.	21 – 2 =		34.	72 – 40 =	
13.	61 – 2 =		35.	56 – 4 =	
14.	61 – 3 =		36.	52 – 4 =	
15.	61 – 5 =		37.	50 – 4 =	
16.	10 – 5 =		38.	60 – 30 =	
17.	20 – 5 =		39.	90 – 70 =	
18.	30 – 5 =		40.	80 – 60 =	
19.	70 – 5 =		41.	96 – 40 =	
20.	72 – 5 =		42.	63 – 40 =	
21.	4 – 2 =		43.	79 – 30 =	
22.	40 – 20 =		44.	76 – 9 =	

Leçon 20 : Résoudre des problèmes d'addition et de soustraction à deux chiffres impliquant des longueurs en utilisant des diagrammes à bandes et des équations écrites pour représenter le problème.

Copyright © Great Minds PBC

B

Nombre correct : _____

Schémas de soustraction

Progrès : _____

1.	7 – 1 =	
2.	17 – 1 =	
3.	7 – 2 =	
4.	17 – 2 =	
5.	7 – 5 =	
6.	17 – 5 =	
7.	27 – 5 =	
8.	57 – 5 =	
9.	57 – 6 =	
10.	10 – 5 =	
11.	11 – 5 =	
12.	21 – 5 =	
13.	61 – 5 =	
14.	61 – 4 =	
15.	61 – 2 =	
16.	10 – 2 =	
17.	20 – 2 =	
18.	30 – 2 =	
19.	70 – 2 =	
20.	71 – 2 =	
21.	5 – 2 =	
22.	50 – 20 =	

23.	51 – 20 =	
24.	56 – 20 =	
25.	8 – 5 =	
26.	80 – 50 =	
27.	81 – 50 =	
28.	87 – 50 =	
29.	60 – 30 =	
30.	64 – 30 =	
31.	80 – 60 =	
32.	85 – 60 =	
33.	70 – 30 =	
34.	72 – 30 =	
35.	76 – 4 =	
36.	72 – 4 =	
37.	70 – 4 =	
38.	80 – 40 =	
39.	90 – 60 =	
40.	60 – 40 =	
41.	93 – 40 =	
42.	67 – 40 =	
43.	78 – 30 =	
44.	56 – 9 =	

A

Nombre correct : _____

Addition à travers une dizaine

1.	9 + 2 =		23.	4 + 7 =	
2.	9 + 3 =		24.	4 + 8 =	
3.	9 + 4 =		25.	5 + 6 =	
4.	9 + 7 =		26.	5 + 7 =	
5.	7 + 9 =		27.	3 + 8 =	
6.	10 + 1 =		28.	3 + 9 =	
7.	10 + 2 =		29.	2 + 9 =	
8.	10 + 3 =		30.	5 + 10 =	
9.	10 + 8 =		31.	5 + 8 =	
10.	8 + 10 =		32.	9 + 6 =	
11.	8 + 3 =		33.	6 + 9 =	
12.	8 + 4 =		34.	7 + 6 =	
13.	8 + 5 =		35.	6 + 7 =	
14.	8 + 9 =		36.	8 + 6 =	
15.	9 + 8 =		37.	6 + 8 =	
16.	7 + 4 =		38.	8 + 7 =	
17.	10 + 5 =		39.	7 + 8 =	
18.	6 + 5 =		40.	6 + 6 =	
19.	7 + 5 =		41.	7 + 7 =	
20.	9 + 5 =		42.	8 + 8 =	
21.	5 + 9 =		43.	9 + 9 =	
22.	10 + 6 =		44.	4 + 9 =	

B

Nombre correct : _____

Progrès : _____

Addition à travers une dizaine

1.	10 + 1 =	
2.	10 + 2 =	
3.	10 + 3 =	
4.	10 + 9 =	
5.	9 + 10 =	
6.	9 + 2 =	
7.	9 + 3 =	
8.	9 + 4 =	
9.	9 + 8 =	
10.	8 + 9 =	
11.	8 + 3 =	
12.	8 + 4 =	
13.	8 + 5 =	
14.	8 + 7 =	
15.	7 + 8 =	
16.	7 + 4 =	
17.	10 + 4 =	
18.	6 + 5 =	
19.	7 + 5 =	
20.	9 + 5 =	
21.	5 + 9 =	
22.	10 + 8 =	

23.	5 + 6 =	
24.	5 + 7 =	
25.	4 + 7 =	
26.	4 + 8 =	
27.	4 + 10 =	
28.	3 + 8 =	
29.	3 + 9 =	
30.	2 + 9 =	
31.	5 + 8 =	
32.	7 + 6 =	
33.	6 + 7 =	
34.	8 + 6 =	
35.	6 + 8 =	
36.	9 + 6 =	
37.	6 + 9 =	
38.	9 + 7 =	
39.	7 + 9 =	
40.	6 + 6 =	
41.	7 + 7 =	
42.	8 + 8 =	
43.	9 + 9 =	
44.	4 + 9 =	

Leçon 23 : Recueillir et inscrire les données de mesure dans un tableau ; répondre aux questions et synthétiser l'ensemble de données.

A

Nombre correct : _____

Schémas de soustraction

1.	3 − 1 =		23.	8 − 7 =	
2.	13 − 1 =		24.	18 − 7 =	
3.	23 − 1 =		25.	58 − 7 =	
4.	53 − 1 =		26.	62 − 2 =	
5.	4 − 2 =		27.	9 − 8 =	
6.	14 − 2 =		28.	19 − 8 =	
7.	24 − 2 =		29.	29 − 8 =	
8.	64 − 2 =		30.	69 − 8 =	
9.	4 − 3 =		31.	7 − 3 =	
10.	14 − 3 =		32.	17 − 3 =	
11.	24 − 3 =		33.	77 − 3 =	
12.	74 − 3 =		34.	59 − 9 =	
13.	6 − 4 =		35.	9 − 7 =	
14.	16 − 4 =		36.	19 − 7 =	
15.	26 − 4 =		37.	89 − 7 =	
16.	96 − 4 =		38.	99 − 5 =	
17.	7 − 5 =		39.	78 − 6 =	
18.	17 − 5 =		40.	58 − 5 =	
19.	27 − 5 =		41.	39 − 7 =	
20.	47 − 5 =		42.	28 − 6 =	
21.	43 − 3 =		43.	49 − 4 =	
22.	87 − 7 =		44.	49 − 4 =	

B

Nombre correct : _____

Schémas de soustraction

Progrès : _____

1.	2 - 1 =	
2.	12 - 1 =	
3.	22 - 1 =	
4.	52 - 1 =	
5.	5 - 2 =	
6.	15 - 2 =	
7.	25 - 2 =	
8.	65 - 2 =	
9.	4 - 3 =	
10.	14 - 3 =	
11.	24 - 3 =	
12.	84 - 3 =	
13.	7 - 4 =	
14.	17 - 4 =	
15.	27 - 4 =	
16.	97 - 4 =	
17.	6 - 5 =	
18.	16 - 5 =	
19.	26 - 5 =	
20.	46 - 5 =	
21.	23 - 3 =	
22.	67 - 7 =	

23.	8 - 7 =	
24.	18 - 7 =	
25.	68 - 7 =	
26.	32 - 2 =	
27.	9 - 8 =	
28.	19 - 8 =	
29.	29 - 8 =	
30.	79 - 8 =	
31.	8 - 4 =	
32.	18 - 4 =	
33.	78 - 4 =	
34.	89 - 9 =	
35.	9 - 7 =	
36.	19 - 7 =	
37.	79 - 7 =	
38.	89 - 5 =	
39.	68 - 6 =	
40.	48 - 5 =	
41.	29 - 7 =	
42.	38 - 6 =	
43.	59 - 4 =	
44.	77 - 4 =	

2ᵉ année
Module 8

A

Nombre correct : _____

Addition à travers une dizaine

1.	8 + 1 =		23.	50 + 30 =	
2.	18 + 1 =		24.	58 + 30 =	
3.	28 + 1 =		25.	9 + 3 =	
4.	58 + 1 =		26.	90 + 30 =	
5.	7 + 2 =		27.	97 + 30 =	
6.	17 + 2 =		28.	8 + 4 =	
7.	27 + 2 =		29.	80 + 40 =	
8.	57 + 2 =		30.	83 + 40 =	
9.	6 + 3 =		31.	83 + 4 =	
10.	36 + 3 =		32.	7 + 6 =	
11.	5 + 4 =		33.	70 + 60 =	
12.	45 + 4 =		34.	74 + 60 =	
13.	30 + 9 =		35.	74 + 5 =	
14.	9 + 2 =		36.	73 + 6 =	
15.	39 + 2 =		37.	58 + 7 =	
16.	50 + 8 =		38.	76 + 5 =	
17.	8 + 4 =		39.	30 + 40 =	
18.	58 + 4 =		40.	20 + 70 =	
19.	50 + 20 =		41.	80 + 70 =	
20.	54 + 20 =		42.	34 + 40 =	
21.	70 + 20 =		43.	23 + 50 =	
22.	76 + 20 =		44.	97 + 60 =	

Leçon 1 : Décrire des formes en deux dimensions sur base de leurs attributs.

B

Nombre correct: _____

Addition à travers une dizaine   Progrès : _____

1.	7 + 1 =		23.	50 + 30 =	
2.	17 + 1 =		24.	57 + 30 =	
3.	27 + 1 =		25.	8 + 3 =	
4.	47 + 1 =		26.	80 + 30 =	
5.	6 + 2 =		27.	87 + 30 =	
6.	16 + 2 =		28.	9 + 4 =	
7.	26 + 2 =		29.	90 + 40 =	
8.	46 + 2 =		30.	93 + 40 =	
9.	5 + 3 =		31.	93 + 4 =	
10.	75 + 3 =		32.	8 + 6 =	
11.	5 + 4 =		33.	80 + 60 =	
12.	75 + 4 =		34.	84 + 60 =	
13.	40 + 9 =		35.	84 + 5 =	
14.	9 + 2 =		36.	83 + 6 =	
15.	49 + 2 =		37.	68 + 7 =	
16.	60 + 8 =		38.	86 + 5 =	
17.	8 + 4 =		39.	20 + 30 =	
18.	68 + 4 =		40.	30 + 60 =	
19.	50 + 20 =		41.	90 + 70 =	
20.	56 + 20 =		42.	36 + 40 =	
21.	70 + 20 =		43.	27 + 50 =	
22.	74 + 20 =		44.	94 + 70 =	

Leçon 1 : Décrire des formes en deux dimensions sur base de leurs attributs.

A

Nombre correct : _____

Compter jusqu'à cent pour additionner

1.	98 + 3 =		23.	99 + 12 =	
2.	98 + 4 =		24.	99 + 23 =	
3.	98 + 5 =		25.	99 + 34 =	
4.	98 + 8 =		26.	99 + 45 =	
5.	98 + 6 =		27.	99 + 56 =	
6.	98 + 9 =		28.	99 + 67 =	
7.	98 + 7 =		29.	99 + 78 =	
8.	99 + 2 =		30.	35 + 99 =	
9.	99 + 3 =		31.	45 + 98 =	
10.	99 + 4 =		32.	46 + 99 =	
11.	99 + 9 =		33.	56 + 98 =	
12.	99 + 6 =		34.	67 + 99 =	
13.	99 + 8 =		35.	77 + 98 =	
14.	99 + 5 =		36.	68 + 99 =	
15.	99 + 7 =		37.	78 + 98 =	
16.	98 + 13 =		38.	99 + 95 =	
17.	98 + 24 =		39.	93 + 99 =	
18.	98 + 35 =		40.	99 + 95 =	
19.	98 + 46 =		41.	94 + 99 =	
20.	98 + 57 =		42.	98 + 96 =	
21.	98 + 68 =		43.	94 + 98 =	
22.	98 + 79 =		44.	98 + 88 =	

Leçon 2 : Construire, identifier et analyser des formes en deux dimensions avec des attributs spécifiés.

Copyright © Great Minds PBC

B

Nombre correct : _____

Compter jusqu'à cent pour additionner   Progrès : _____

1.	99 + 2 =		23.	98 + 13 =	
2.	99 + 3 =		24.	98 + 24 =	
3.	99 + 4 =		25.	98 + 35 =	
4.	99 + 8 =		26.	98 + 46 =	
5.	99 + 6 =		27.	98 + 57 =	
6.	99 + 9 =		28.	98 + 68 =	
7.	99 + 5 =		29.	98 + 79 =	
8.	99 + 7 =		30.	25 + 99 =	
9.	98 + 3 =		31.	35 + 98 =	
10.	98 + 4 =		32.	36 + 99 =	
11.	98 + 5 =		33.	46 + 98 =	
12.	98 + 9 =		34.	57 + 99 =	
13.	98 + 7 =		35.	67 + 98 =	
14.	98 + 8 =		36.	78 + 99 =	
15.	98 + 6 =		37.	88 + 98 =	
16.	99 + 12 =		38.	99 + 93 =	
17.	99 + 23 =		39.	95 + 99 =	
18.	99 + 34 =		40.	99 + 97 =	
19.	99 + 45 =		41.	92 + 99 =	
20.	99 + 56 =		42.	98 + 94 =	
21.	99 + 67 =		43.	96 + 98 =	
22.	99 + 78 =		44.	98 + 86 =	

Leçon 2 : Construire, identifier et analyser des formes en deux dimensions avec des attributs spécifiés.

Leçon 3 Série A de pratiques de maîtrise de base

Nom _____ Date _____

1.	10 + 9 =	21.	3 + 9 =
2.	10 + 1 =	22.	4 + 8 =
3.	11 + 2 =	23.	5 + 9 =
4.	13 + 6 =	24.	8 + 8 =
5.	15 + 5 =	25.	7 + 5 =
6.	14 + 3 =	26.	5 + 8 =
7.	13 + 5 =	27.	8 + 3 =
8.	12 + 4 =	28.	6 + 8 =
9.	16 + 2 =	29.	4 + 6 =
10.	18 + 1 =	30.	7 + 6 =
11.	11 + 7 =	31.	7 + 4 =
12.	13 + 4 =	32.	7 + 9 =
13.	14 + 5 =	33.	7 + 7 =
14.	9 + 4 =	34.	8 + 6 =
15.	9 + 2 =	35.	6 + 9 =
16.	9 + 9 =	36.	8 + 5 =
17.	6 + 9 =	37.	4 + 7 =
18.	8 + 9 =	38.	3 + 9 =
19.	7 + 8 =	39.	8 + 6 =
20.	8 + 8 =	40.	9 + 4 =

Leçon 3 : Utiliser des attributs pour dessiner différents polygones, y compris des triangles, des quadrilatères, des pentagones et des hexagones.

Leçon 3 Série B d'entraînements de maîtrise de base

1.	10 + 8 =	21.	5 + 8 =
2.	4 + 10 =	22.	6 + 7 =
3.	9 + 10 =	23.	____ + 4 = 12
4.	11 + 5 =	24.	____ + 7 = 13
5.	13 + 3 =	25.	6 + ____ = 14
6.	12 + 4 =	26.	7 + ____ = 15
7.	16 + 3 =	27.	____ = 9 + 8
8.	15 + ____ = 19	28.	____ = 7 + 5
9.	18 + ____ = 20	29.	____ = 4 + 8
10.	13 + 5 =	30.	3 + 9 =
11.	____ = 4 + 16	31.	6 + 7 =
12.	____ = 6 + 12	32.	8 + ____ = 13
13.	____ = 14 + 6	33.	____ = 7 + 9
14.	9 + 3 =	34.	6 + 6 =
15.	7 + 9 =	35.	____ = 7 + 5
16.	____ + 4 = 11	36.	____ = 4 + 8
17.	____ + 6 = 13	37.	20 = 13 + ____
18.	____ + 5 = 12	38.	18 = ____ + 9
19.	____ + 8 = 14	39.	16 = ____ + 7
20.	____ + 9 = 15	40.	20 = 9 + ____

Leçon 3 : Utiliser des attributs pour dessiner différents polygones, y compris des triangles, des quadrilatères, des pentagones et des hexagones.

Nom _____ Date _____

1.	19 - 9 =	21.	15 - 7 =
2.	19 - 11 =	22.	18 - 9 =
3.	17 - 10 =	23.	16 - 8 =
4.	12 - 2 =	24.	15 - 6 =
5.	15 - 12 =	25.	17 - 8 =
6.	18 - 10 =	26.	14 - 6 =
7.	17 - 5 =	27.	16 - 9 =
8.	20 - 9 =	28.	13 - 8 =
9.	14 - 4 =	29.	12 - 5 =
10.	16 - 13 =	30.	19 - 8 =
11.	11 - 2 =	31.	17 - 9 =
12.	12 - 3 =	32.	16 - 7 =
13.	14 - 2 =	33.	14 - 8 =
14.	13 - 4 =	34.	15 - 9 =
15.	11 - 3 =	35.	13 - 7 =
16.	12 - 4 =	36.	12 - 8 =
17.	13 - 2 =	37.	15 - 8 =
18.	14 - 5 =	38.	14 - 9 =
19.	11 - 4 =	39.	12 - 7 =
20.	12 - 5 =	40.	11 - 9 =

Leçon 3 : Utiliser des attributs pour dessiner différents polygones, y compris des triangles, des quadrilatères, des pentagones et des hexagones.

Leçon 3 Série D d'entraînements de maîtrise de base

Nom _____ Date _____

1.	12 − 3 =	21.	13 − 7 =
2.	13 − 5 =	22.	15 − 9 =
3.	11 − 2 =	23.	18 − 7 =
4.	12 − 5 =	24.	14 − 7 =
5.	13 − 4 =	25.	17 − 9 =
6.	13 − 2 =	26.	12 − 9 =
7.	11 − 4 =	27.	13 − 6 =
8.	12 − 6 =	28.	15 − 7 =
9.	11 − 3 =	29.	16 − 8 =
10.	13 − 6 =	30.	12 − 6 =
11.	_____ = 11 − 9	31.	_____ = 13 − 9
12.	_____ = 13 − 8	32.	_____ = 17 − 8
13.	_____ = 12 − 7	33.	_____ = 14 − 9
14.	_____ = 11 − 6	34.	_____ = 13 − 5
15.	_____ = 13 − 9	35.	_____ = 15 − 8
16.	_____ = 14 − 8	36.	_____ = 18 − 9
17.	_____ = 11 − 7	37.	_____ = 16 − 7
18.	_____ = 15 − 6	38.	_____ = 20 − 12
19.	_____ = 16 − 9	39.	_____ = 20 − 6
20.	_____ = 12 − 8	40.	_____ = 20 − 17

Leçon 3 : Utiliser des attributs pour dessiner différents polygones, y compris des triangles, des quadrilatères, des pentagones et des hexagones.

Leçon 3 Série E d'entraînements de maîtrise de base

Nom _____ Date _____

1.	13 − 4 =	21.	8 + 4 =
2.	15 − 8 =	22.	6 + 7 =
3.	19 − 5 =	23.	9 + 9 =
4.	11 − 7 =	24.	12 − 6 =
5.	9 + 6 =	25.	16 − 7 =
6.	7 + 8 =	26.	13 − 5 =
7.	4 + 7 =	27.	11 − 8 =
8.	13 + 6 =	28.	7 + 9 =
9.	12 − 8 =	29.	5 + 7 =
10.	17 − 9 =	30.	8 + 7 =
11.	14 − 6 =	31.	9 + 8 =
12.	16 − 7 =	32.	11 + 9 =
13.	6 + 8 =	33.	12 − 3 =
14.	7 + 6 =	34.	14 − 5 =
15.	4 + 9 =	35.	20 − 13 =
16.	5 + 7 =	36.	8 − 5 =
17.	9 − 5 =	37.	7 + 4 =
18.	13 − 7 =	38.	13 + 5 =
19.	16 − 9 =	39.	7 + 9 =
20.	14 − 8 =	40.	8 + 11 =

Leçon 3 : Utiliser des attributs pour dessiner différents polygones, y compris des triangles, des quadrilatères, des pentagones et des hexagones.

UNE HISTOIRE D'UNITÉS | Leçon 3 Modèle de maîtrise | 2•8

| centaines | dizaines | unités |

Espace de travail :

tableau de valeur de position centaines

Leçon 3 : Utiliser des attributs pour dessiner différents polygones, y compris des triangles, des quadrilatères, des pentagones et des hexagones.

155

Copyright © Great Minds PBC

A

Nombre correct : _____

Schémas de soustraction

1.	8 − 1 =		23.	41 − 20 =	
2.	18 − 1 =		24.	46 − 20 =	
3.	8 − 2 =		25.	7 − 5 =	
4.	18 − 2 =		26.	70 − 50 =	
5.	8 − 5 =		27.	71 − 50 =	
6.	18 − 5 =		28.	78 − 50 =	
7.	28 − 5 =		29.	80 − 40 =	
8.	58 − 5 =		30.	84 − 40 =	
9.	58 − 7 =		31.	90 − 60 =	
10.	10 − 2 =		32.	97 − 60 =	
11.	11 − 2 =		33.	70 − 40 =	
12.	21 − 2 =		34.	72 − 40 =	
13.	61 − 2 =		35.	56 − 4 =	
14.	61 − 3 =		36.	52 − 4 =	
15.	61 − 5 =		37.	50 − 4 =	
16.	10 − 5 =		38.	60 − 30 =	
17.	20 − 5 =		39.	90 − 70 =	
18.	30 − 5 =		40.	80 − 60 =	
19.	70 − 5 =		41.	96 − 40 =	
20.	72 − 5 =		42.	63 − 40 =	
21.	4 − 2 =		43.	79 − 30 =	
22.	40 − 20 =		44.	76 − 9 =	

Leçon 5 : Rattacher le carré au cube et décrire le cube sur base d'attributs.

Copyright © Great Minds PBC

B

Nombre correct : _____

Schémas de soustraction

Progrès : _____

1.	7 − 1 =		23.	51 − 20 =	
2.	17 − 1 =		24.	56 − 20 =	
3.	7 − 2 =		25.	8 − 5 =	
4.	17 − 2 =		26.	80 − 50 =	
5.	7 − 5 =		27.	81 − 50 =	
6.	17 − 5 =		28.	87 − 50 =	
7.	27 − 5 =		29.	60 − 30 =	
8.	57 − 5 =		30.	64 − 30 =	
9.	57 − 6 =		31.	80 − 60 =	
10.	10 − 5 =		32.	85 − 60 =	
11.	11 − 5 =		33.	70 − 30 =	
12.	21 − 5 =		34.	72 − 30 =	
13.	61 − 5 =		35.	76 − 4 =	
14.	61 − 4 =		36.	72 − 4 =	
15.	61 − 2 =		37.	70 − 4 =	
16.	10 − 2 =		38.	80 − 40 =	
17.	20 − 2 =		39.	90 − 60 =	
18.	30 − 2 =		40.	60 − 40 =	
19.	70 − 2 =		41.	93 − 40 =	
20.	71 − 2 =		42.	67 − 40 =	
21.	5 − 2 =		43.	78 − 30 =	
22.	50 − 20 =		44.	56 − 9 =	

Leçon 5 : Rattacher le carré au cube et décrire le cube sur base d'attributs.

A Nombre correct: _____

Schémas d'addition et de soustraction

1.	8 + 3 =		23.	8 + 8 =	
2.	11 − 3 =		24.	16 − 8 =	
3.	9 + 2 =		25.	9 + 6 =	
4.	11 − 2 =		26.	15 − 9 =	
5.	6 + 5 =		27.	9 + 9 =	
6.	11 − 6 =		28.	18 − 9 =	
7.	7 + 4 =		29.	7 + 7 =	
8.	11 − 7 =		30.	14 − 7 =	
9.	8 + 4 =		31.	8 + 9 =	
10.	12 − 4 =		32.	17 − 8 =	
11.	9 + 3 =		33.	7 + 9 =	
12.	12 − 3 =		34.	16 − 7 =	
13.	7 + 5 =		35.	19 − 6 =	
14.	12 − 7 =		36.	6 + 7 =	
15.	6 + 6 =		37.	17 − 6 =	
16.	12 − 6 =		38.	11 − 7 =	
17.	8 + 6 =		39.	7 + 6 =	
18.	14 − 8 =		40.	13 − 7 =	
19.	9 + 4 =		41.	19 − 7 =	
20.	13 − 9 =		42.	3 + 8 =	
21.	8 + 7 =		43.	5 + 8 =	
22.	15 − 8 =		44.	18 − 5 =	

Leçon 6 : Combiner des formes pour créer une forme composite ; créer une nouvelle forme à partir de formes composites.

B

Nombre correct: _____

Schémas d'addition et de soustraction

Progrès : _____

1.	9 + 2 =		23.	9 + 6 =	
2.	11 – 2 =		24.	15 – 9 =	
3.	8 + 3 =		25.	8 + 8 =	
4.	11 – 3 =		26.	16 – 8 =	
5.	7 + 4 =		27.	7 + 7 =	
6.	11 – 7 =		28.	14 – 7 =	
7.	6 + 5 =		29.	9 + 9 =	
8.	11 – 6 =		30.	18 – 9 =	
9.	9 + 3 =		31.	7 + 9 =	
10.	12 – 3 =		32.	16 – 9 =	
11.	8 + 4 =		33.	8 + 9 =	
12.	12 – 4 =		34.	17 – 9 =	
13.	7 + 5 =		35.	19 – 7 =	
14.	12 – 5 =		36.	5 + 8 =	
15.	6 + 6 =		37.	18 – 5 =	
16.	12 – 6 =		38.	13 – 8 =	
17.	9 + 4 =		39.	6 + 7 =	
18.	13 – 4 =		40.	13 – 6 =	
19.	8 + 6 =		41.	19 – 6 =	
20.	14 – 8 =		42.	3 + 9 =	
21.	7 + 8 =		43.	6 + 9 =	
22.	15 – 7 =		44.	18 – 6 =	

Leçon 6 : Combiner des formes pour créer une forme composite ; créer une nouvelle forme à partir de formes composites.

A

Nombre correct: _____

Schémas de soustraction

1.	5 − 1 =		23.	10 − 2 =	
2.	15 − 1 =		24.	11 − 2 =	
3.	25 − 1 =		25.	21 − 2 =	
4.	75 − 1 =		26.	31 − 2 =	
5.	5 − 2 =		27.	51 − 2 =	
6.	15 − 2 =		28.	51 − 12 =	
7.	25 − 2 =		29.	10 − 5 =	
8.	75 − 2 =		30.	11 − 5 =	
9.	4 − 1 =		31.	12 − 5 =	
10.	40 − 10 =		32.	22 − 5 =	
11.	43 − 10 =		33.	32 − 5 =	
12.	43 − 20 =		34.	62 − 5 =	
13.	43 − 21 =		35.	62 − 15 =	
14.	43 − 23 =		36.	72 − 15 =	
15.	12 − 2 =		37.	82 − 15 =	
16.	62 − 2 =		38.	32 − 15 =	
17.	62 − 12 =		39.	10 − 9 =	
18.	18 − 8 =		40.	11 − 9 =	
19.	78 − 8 =		41.	51 − 9 =	
20.	78 − 18 =		42.	51 − 10 =	
21.	41 − 11 =		43.	51 − 19 =	
22.	92 − 12 =		44.	65 − 46 =	

Leçon 9 : Diviser des cercles et des rectangles en parties égales et décrire ces parties en tant que moitiés, tiers ou quarts.

B

Nombre correct : _____

Schémas de soustraction

Progrès : _____

1.	4 − 1 =			23.	10 − 5 =	
2.	14 − 1 =			24.	11 − 5 =	
3.	24 − 1 =			25.	21 − 5 =	
4.	74 − 1 =			26.	31 − 5 =	
5.	5 − 3 =			27.	51 − 5 =	
6.	15 − 3 =			28.	51 − 15 =	
7.	25 − 3 =			29.	10 − 9 =	
8.	75 − 3 =			30.	11 − 9 =	
9.	3 − 1 =			31.	12 − 9 =	
10.	30 − 10 =			32.	22 − 9 =	
11.	32 − 10 =			33.	32 − 9 =	
12.	32 − 20 =			34.	62 − 9 =	
13.	32 − 21 =			35.	62 − 19 =	
14.	32 − 22 =			36.	72 − 19 =	
15.	15 − 5 =			37.	82 − 19 =	
16.	65 − 5 =			38.	32 − 19 =	
17.	65 − 15 =			39.	10 − 2 =	
18.	16 − 6 =			40.	11 − 2 =	
19.	76 − 6 =			41.	51 − 2 =	
20.	76 − 16 =			42.	51 − 10 =	
21.	51 − 11 =			43.	51 − 12 =	
22.	82 − 12 =			44.	95 − 76 =	

Leçon 9 : Diviser des cercles et des rectangles en parties égales et décrire ces parties en tant que moitiés, tiers ou quarts.

A

Nombre correct: _____

Schémas d'addition

1.	8 + 2 =			23.	18 + 6 =	
2.	18 + 2 =			24.	28 + 6 =	
3.	38 + 2 =			25.	16 + 8 =	
4.	7 + 3 =			26.	26 + 8 =	
5.	17 + 3 =			27.	18 + 7 =	
6.	37 + 3 =			28.	18 + 8 =	
7.	8 + 3 =			29.	28 + 7 =	
8.	18 + 3 =			30.	28 + 8 =	
9.	28 + 3 =			31.	15 + 9 =	
10.	6 + 5 =			32.	16 + 9 =	
11.	16 + 5 =			33.	25 + 9 =	
12.	26 + 5 =			34.	26 + 9 =	
13.	18 + 4 =			35.	14 + 7 =	
14.	28 + 4 =			36.	16 + 6 =	
15.	16 + 6 =			37.	15 + 8 =	
16.	26 + 6 =			38.	23 + 8 =	
17.	18 + 5 =			39.	25 + 7 =	
18.	28 + 5 =			40.	15 + 7 =	
19.	16 + 7 =			41.	24 + 7 =	
20.	26 + 7 =			42.	14 + 9 =	
21.	19 + 2 =			43.	19 + 8 =	
22.	17 + 4 =			44.	28 + 9 =	

Leçon 10 : Diviser des cercles et des rectangles en parties égales et décrire ces parties en tant que moitiés, tiers ou quarts.

B

Nombre correct: _____

Schémas d'addition

Progrès : _____

1.	9 + 1 =			23.	19 + 5 =	
2.	19 + 1 =			24.	29 + 5 =	
3.	39 + 1 =			25.	17 + 7 =	
4.	6 + 4 =			26.	27 + 7 =	
5.	16 + 4 =			27.	19 + 6 =	
6.	36 + 4 =			28.	19 + 7 =	
7.	9 + 2 =			29.	29 + 6 =	
8.	19 + 2 =			30.	29 + 7 =	
9.	29 + 2 =			31.	17 + 8 =	
10.	7 + 4 =			32.	17 + 9 =	
11.	17 + 4 =			33.	27 + 8 =	
12.	27 + 4 =			34.	27 + 9 =	
13.	19 + 3 =			35.	12 + 9 =	
14.	29 + 3 =			36.	14 + 8 =	
15.	17 + 5 =			37.	16 + 7 =	
16.	27 + 5 =			38.	28 + 6 =	
17.	19 + 4 =			39.	26 + 8 =	
18.	29 + 4 =			40.	24 + 8 =	
19.	17 + 6 =			41.	13 + 8 =	
20.	27 + 6 =			42.	24 + 9 =	
21.	18 + 3 =			43.	29 + 8 =	
22.	26 + 5 =			44.	18 + 9 =	

Leçon 10 : Diviser des cercles et des rectangles en parties égales et décrire ces parties en tant que moitiés, tiers ou quarts.

A

Nombre correct: _____

Addition et soustraction par 5

1.	0 + 5 =		23.	10 + 5 =	
2.	5 + 5 =		24.	15 + 5 =	
3.	10 + 5 =		25.	20 + 5 =	
4.	15 + 5 =		26.	25 + 5 =	
5.	20 + 5 =		27.	30 + 5 =	
6.	25 + 5 =		28.	35 + 5 =	
7.	30 + 5 =		29.	40 + 5 =	
8.	35 + 5 =		30.	45 + 5 =	
9.	40 + 5 =		31.	0 + 50 =	
10.	45 + 5 =		32.	50 + 50 =	
11.	50 − 5 =		33.	50 + 5 =	
12.	45 − 5 =		34.	55 + 5 =	
13.	40 − 5 =		35.	60 − 5 =	
14.	35 − 5 =		36.	55 − 5 =	
15.	30 − 5 =		37.	60 + 5 =	
16.	25 − 5 =		38.	65 + 5 =	
17.	20 − 5 =		39.	70 − 5 =	
18.	15 − 5 =		40.	65 − 5 =	
19.	10 − 5 =		41.	100 + 50 =	
20.	5 − 5 =		42.	150 + 50 =	
21.	5 + 0 =		43.	200 − 50 =	
22.	5 + 5 =		44.	150 − 50 =	

UNE HISTOIRE D'UNITÉS — Leçon 14 Sprint — 2•8

Leçon 14 : Donner l'heure aux cinq minutes près.

B

Nombre correct: _____

Addition et soustraction par 5

Progrès : _____

1.	5 + 0 =	
2.	5 + 5 =	
3.	5 + 10 =	
4.	5 + 15 =	
5.	5 + 20 =	
6.	5 + 25 =	
7.	5 + 30 =	
8.	5 + 35 =	
9.	5 + 40 =	
10.	5 + 45 =	
11.	50 − 5 =	
12.	45 − 5 =	
13.	40 − 5 =	
14.	35 − 5 =	
15.	30 − 5 =	
16.	25 − 5 =	
17.	20 − 5 =	
18.	15 − 5 =	
19.	10 − 5 =	
20.	5 − 5 =	
21.	0 + 5 =	
22.	5 + 5 =	

23.	10 + 5 =	
24.	15 + 5 =	
25.	20 + 5 =	
26.	25 + 5 =	
27.	30 + 5 =	
28.	35 + 5 =	
29.	40 + 5 =	
30.	45 + 5 =	
31.	50 + 0 =	
32.	50 + 50 =	
33.	5 + 50 =	
34.	5 + 55 =	
35.	60 − 5 =	
36.	55 − 5 =	
37.	5 + 60 =	
38.	5 + 65 =	
39.	70 − 5 =	
40.	65 − 5 =	
41.	50 + 100 =	
42.	50 + 150 =	
43.	200 − 50 =	
44.	150 − 50 =	

Leçon 14 : Donner l'heure aux cinq minutes près.

Crédits

Great Minds® a fait tout son possible pour obtenir l'autorisation de réimprimer tout le matériel protégé par des droits d'auteur. Si un propriétaire de matériel protégé par des droits d'auteur n'est pas mentionné dans le présent document, veuillez contacter Great Minds pour qu'il soit dûment mentionné dans toutes les éditions et réimpressions futures de ce module.

Printed by Libri Plureos GmbH in Hamburg, Germany